José Luis Ríos Flores
Sigifredo Armendáriz Erives
Juan Balderrama Enríquez

Huellas hídricas física y económica de la leche bovina

José Luis Ríos Flores
Sigifredo Armendáriz Erives
Juan Balderrama Enríquez

Huellas hídricas física y económica de la leche bovina

El caso de la leche producida en los sistemas campesino y empresarial de Sonora, México

Editorial Académica Española

Imprint
Any brand names and product names mentioned in this book are subject to trademark, brand or patent protection and are trademarks or registered trademarks of their respective holders. The use of brand names, product names, common names, trade names, product descriptions etc. even without a particular marking in this work is in no way to be construed to mean that such names may be regarded as unrestricted in respect of trademark and brand protection legislation and could thus be used by anyone.

Cover image: www.ingimage.com

Publisher:
Editorial Académica Española
is a trademark of
International Book Market Service Ltd., member of OmniScriptum Publishing Group
17 Meldrum Street, Beau Bassin 71504, Mauritius
Printed at: see last page
ISBN: 978-620-3-03149-2

HUELLAS HÍDRICAS FISICA Y ECONÓMICA DE LA LECHE BOVINA.

El caso de la leche producida en los sistemas campesino y empresarial de Sonora, México.

José Luis Ríos Flores

Sigifredo Armendáriz Erives

Juan Balderrama Enríquez

CONTENIDO

ÍNDICE DE CUADROS

ÍNDICE DE FIGURAS

RESUMEN

Los objetivos del presente trabajo fueron determinar las huellas hídricas física (HHF), económica (HHE) y social (HHS) y la productividad marginal (PMg) del agua usada en la producción láctea tanto del sistema campesino como del empresarial en el estado de Sonora, México en el lapso 2005-2013. Se utilizaron los modelos de la huella hídrica de Rios *et al* (2018) para cultivos agrícolas modificándola para la ganadería lechera. Los resultados señalan que la composición varió de 1.95 a 0.81 UA del Sistema Empresarial por cada UA del Sistema Campesino. En Sonora la producción de leche cayó 9.92 millones de litros (-8.4%) y su valor disminuyó USD 21.26 millones (-40%) lo que repercutió en una disminución del volumen de agua usado en 10.1 hm^3 (-7.4%). En el lapso analizado: La HHF fue creciente en Sonora (de 1.162 a 1.175 m^3 por litro de leche) y decreciente a nivel nacional (de 1.184 a 1.162 m^3 L^{-1}); Las HHE fueron crecientes: de USD 0.39 m^{-3} a USD 0.25 m^{-3} (igual a 2.581 y 3.986 m^3/USD) en Sonora y de 0.36 a USD 0.26 m^{-3} (2.815 a 3.845 m^3/USD) en México, La HHS fue creciente en ambos niveles de agregación: de 66,875 aumentó a 79,258 m^3/empleo (equivalentes a 15 y 12.6 empleos hm^{-3}) en Sonora, y de 214,383 se elevó a 331,202 m^3/empleo (equivalentes a 4.7 y 3.0 empleos hm^{-3}) en México. La PMg fue positiva en términos físicos, económicos y sociales.

Palabras claves: Productividad y eficiencia del agua, huella hídrica

SUMMARY

The objectives of the present work were to determine the physical (HHF), economic (HHE) and social (HHS) and marginal productivity (PMg) water footprints used in peasant and business dairy production in the state of Sonora, Mexico in the 2005-2013. The water footprint models of Rios et al (2018) were used for agricultural crops modifying it for dairy farming. The results indicate that the composition varied from 1.95 to 0.81 UA of the Business System for each UA of the Peasant System. In Sonora milk production fell 9.92 million liters (-8.4%) and its value decreased USD 21.26 million (-40%), which resulted in a decrease in the volume of water used in 10.1 hm3 (-7.4%). In the period analyzed: HHF was growing in Sonora (from 1,162 to 1,175 m3 per liter of milk) and decreasing nationally (from 1,184 to 1,162 m3 L-1); The HHE were increasing: from USD 0.39 m-3 to USD 0.25 m-3 (equal to 2.58 and 3.99 m3 / USD) in Sonora, and in Mexico from 0.36 to USD 0.26 m-3 (2.82 to 3.84 m3 / USD), The HHS it was increasing in both aggregation levels: from 66,875 it increased to 79,258 m3 / employment (equivalent to 15 and 12.6 hm-3 jobs) in Sonora, and from 214,383 it rose to 331,202 m3 / employment (equivalent to 4.7 and 3.0 hm-3 jobs)) in Mexico. The PMg was positive in physical, economic and social terms.

Key Word: Water productivity and efficiency, water footprint

I. INTRODUCCIÓN

La producción de leche en México en 2018 se estima será de 12,026 millones de litros, 1.085% superior a los 11,808 millones de litros producidos en 2017, Las entidades con mayor producción del lácteo son Jalisco, Coahuila, Durango, Chihuahua, Guanajuato, Veracruz, Puebla, México, Aguascalientes y Chiapas, entre otros. Dentro de la cadena de la leche, en el eslabón de la industrialización, existen 130 empresas formales que procesan el 86% de la producción nacional, con un personal ocupado de 42,000 personas, además de un sinnúmero de pequeñas empresas familiares, con un valor mayor a 380,000 millones de pesos. De esta forma, en México se cuenta con un hato de bovino lechero de aproximadamente 2.49 millones de cabezas y más de 300,000 pequeños y medianos productores del lácteo. La leche de bovino es el tercer producto pecuario en importancia económica, con el 17.22% ciento del valor nacional, sólo por detrás de la carne de bovino (30%) y la carne de ave (23%). Esta rama pecuaria genera más de 200,000 empleos directos, permanentes y remunerados, por lo que con la producción nacional y las importaciones, el consumo nacional es de 134 l tros per cápita.[1]

El ritmo de crecimiento anual señalado en el párrafo anterior, 1.085%, es inferior al sostenido años atrás, pues la producción de leche creció a un ritmo de 2.7% entre 1990 y 2011, teniendo dos ciclos bien referenciados durante los años 1990 el crecimiento anual fue de 3.7% y desde 2001 y 2010 de solo 1.3%, lo que muestra una cierta tendencia al estancamiento. Ello a pesar de que la CCG-SAGARPA (2007)[2] estimó que entre 2007 y 2012 la demanda de lácteos crecería a un ritmo de 4.7% anual, por lo que la necesidad de importar productos lácteos estaría lejos de eliminarse. Por ello sería

---

[1] El Economista. 30 de mayo, 2018. https://www.eleconomista.com.mx/empresas/Produccion-de-leche-superara-los-12000-millones-de-litros-en-el-2018-20180530-0056.html
[2] CGG-SAGARPA. 2006. Programa Nacional Pecuario. 2007-2012. México DF. 37p.

importante develar cuales son los factores que limitan el desarrollo de la producción de leche a nivel nacional (Alvarez y Cárcamo, 2012)[3]

Una de estas limitantes, deriva del hecho que la cadena de lácteos se ha formalizado bajo un modelo polarizado, pues se calcula que los productores más capitalizados, poseen entre 15 y 20% del hato nacional con lo que aportan alrededor de la mitad de la producción de leche con rendimientos cercanos a los de los Estados Unidos. En contraste muchos pequeños productores pueden llegar a los 1, 000 litros / vaca/ año. Ello revela las diferencias tecnológicas y organizativas muy marcadas, sin embargo, la productividad promedio es reducida, pues México registra muy bajos rendimientos promedio que no llegan a las dos toneladas por vientre por año, cuando otros países que privilegian la producción en pastoreo duplican (Nueva Zelanda) o triplican (Argentina) ese valor.

Por otra parte, la distribución regional de la producción de leche en México revela que la zona templada del país ha sido la más importante en el país pues aportaba el 50% en 1980 y continua suministrando el 47.5% en 2011. Para esas mismas fechas, la producción de la zona árida, al norte de México, contribuía con 27.2%, mientras que para 2011 la producción incrementó hasta poco más del 36%, lo que devela el auge del modelo Holstein entorno al eje industrial del país. Por otra parte, la zona tropical del país, donde existe potencial para producir leche a menores costos de producción ha ido perdiendo relevancia, al pasar de 22.5% en 1980 A 16% en 2011.

Por lo que el desconocimiento de las causas que subyacen tras el alza ò caída en la actividad económica de la ganadería productora de leche en

---

[3] Alvarez y Cárcamo. 2012. Contexto Internacional Inestable y Dinámica Distorsiona del del Sistema de Lácteos en México. Conferencia Magistral. Memoria. 13er Congreso Nacional de Investigación Socioeconómica y Ambiental de la Producción Pecuaria. 18 y 19 de octubre del 2012. Puebla, Puebla. 15-23pp.

Sonora, constituye *el problema a tratar* en este estudio, el cual tuvo por *objetivo*, en principio, determinar si el VBP de la ganadería lechera-bovina en Sonora, entre 2005 y 2013, si creció, disminuyó o permaneció igual a lo largo del tiempo, y en segundo lugar determinar las causas económico-matemáticas de esa variación, sabiendo ya, que en tanto el VBP depende de tres macrovariables, un alza generalizada en el rendimiento físico del hato, o al menos en aquel tipo de productores de leche que contribuyen de manera mayoritaria con el VBP (manteniendo constante el efecto de la composición y de los precios), repercutirá, necesariamente, en un alza del VBP, de la misma manera, si se mantienen constantes los efectos de la productividad física y los precios, una alza, por ejemplo, en la composición-proporción del número de animales en explotación de los productores de altos ingresos, traerá aparejado consigo un alza del VBP, y caso contrario, de ser las unidades familiares de leche las que desplacen a las grandes empresas, repercutirá en una caída de la economía lechera, finalmente, manteniendo constantes a la productividad física y a la composición, el VBP puede aumentar generalizadamente se elevan los precios de las leches producidas por los diferentes tipos de productores, o al menos, en aquellos productores de mayor importancia.

II. PLANTEAMIENTO DEL PROBLEMA, OBJETIVOS E HIPÓTESIS

2.1. Planteamiento del problema

En México y por ende en el estado de Sonora, el agua que se usa en la producción agropecuaria, particularmente leche, es un recurso muy escaso, por lo que debe usarse de la forma más eficiente, productiva y sustentable para que a futuro la sociedad puede tener acceso al agua en cantidad y calidad.

2.2. Objetivos

El primer objetivo fue determinar las huellas hídricas física (m^3 de agua usada en la producción por litro de leche), económica (USD de ingreso por m^3 de agua usada en la producción) y social (empleos generados por m^3 de agua usada en la producción) de un litro de leche, el segundo objetivo fue determinar la productividad marginal física, económica y social del agua usada en la producción, en la leche producida por los Sistemas Campesino y Empresarial tanto en el estado de Sonora, México y contrastarle en contra de las cifras correspondientes a nivel promedio nacional para todo México, lo anterior en el lapso 2005-2013.

2.3. Hipótesis

Primera hipótesis. Las Huellas hídricas *físicas* de la leche "HHFL" producida tanto en Sonora como en México son superiores al promedio mundial de 1020 m^3 ton^{-1} (1.055 m^3 / litro de leche) reportado por Mekonnen y Hoekstra (2010)[4] [5] [6].

---

[4] Mekonnen, M. M., & Hoekstra, A. Y. 2010. The green, blue and grey water footprint of farm animals and animal products. Volume 2: Main Report. Appendices. Value of water. Research Report series 48. Recuperado de : http://doc.utwente.nl/76912/2/Report-48-WaterFootprint-AnimalProducts-Vol12.pdf

Segunda hipótesis. La Huella hídrica *económica* de la leche "HHE" producida en Sonora es superior a la HHE promedio nacional.

Tercera hipótesis. La Huella hídrica *social* de la leche "HHS" producida en Sonora es superior a la HHS promedio nacional.

Cuarta hipótesis. Las productividades marginales del agua en términos físicos, económicos y sociales son positivas pero decrecientes en el período analizado, no se les compara contra parámetros de referencia como el promedio nacional en tanto no existen tales parámetros.

---

[5] Mekonnen,M. M & Hoekstra, A. Y. 2012. A global Assessment of the water footprint of farm animal products. Ecosystems (2012) 15:401-415. DOI:10.1007/s10021-011-9517-8
[6] Hoekstra, A.Y. 2012. The hidden water resource use behind meat and dairy. Animal Frontiers. 2(2):3-8.

III. REVISIÓN DE LITERATURA

3.1. La huella hídrica en la agricultura y la ganadería

La Economía Agrícola[7], lo mismo que la Economía Zootécnica[8], definen su área de estudio como la asignación de los escasos recursos con que cuenta el sector agrícola en el primer caso y pecuario en la segunda, teniendo en cuenta que siempre esa asignación de medios y recursos debe hacerse para optimizar su uso. Asimismo, esos recursos pueden ser usados de formas diversas que se excluyen entre sí, esos recursos deben ser usados de manera eficiente, podría añadirse que también la Economía agrícola debe usar esos recursos de la manera más productiva y sustentable, para que las generaciones futuras tengan acceso a esos escasos recursos. La distribución del ingreso es una de sus principales tareas. Pero, ¿El agua es en realidad un recurso escaso?, la respuesta es que en verdad es un recurso demasiado escaso, pues el agua dulce de la que dispone la humanidad apenas representa el 0.26% de toda el agua existente en el planeta[9], el resto es agua de mar (97.5%) y agua dulce no disponible (2.24%, es el agua que está en forma de hielos permanentes, permafrost o aguas en extremo profundas), además, la agricultura de riego en las zonas áridas y semiáridas (características intrínsecas del estado de Sonora, México) emplea más del 80% del total del agua dulce disponible, asimismo se estima que para el año 2025, ya una tercera parte de la población que habita en los países desarrollados padecerá la escasez del agua, es decir; no tendrán

---

[7] Flores, E. 1986. Tratado de Economía Agrícola. FCE. México.

[8] Alonso P., Francisco A, Bâchtold G., Ernesto, Aguilar, V., Alfredo, Juarez G., Jaime, Casas P., Victor M., Meléndez G., J. Rafael, Huerta R., Enrique, Mendoza G., Ernesto, De Los Monteros R., Alfonso. 1989. Economía Zootécnica. Noriega Editores, México, D. F.

[9] Molden, D.; Oweis, T.; Steduto, P.; Bindraban, P.; Hanja, M.; Kjine, J. 2010. Improving agricultural wáter productivity: Between optimism and caution. Agricultural Water Management, 94 (4): 528-535.

suficientes recursos hídricos para mantener sus necesidades agrícolas, domésticas, industriales y ambientales [10].

Por otra parte, la muy escasa agua dulce disponible en el planeta, no solamente puede ser usada en la actividad agropecuaria, actualmente se incrementa la competencia por el recurso hídrico por parte de otros usuarios como el sector doméstico y el industrial y las actividades recreativas así como la producción de energía[11], por lo que el reto principal que encara la humanidad es producir más alimentos, como la leche en este caso, con menos agua. Lo anterior es el encuadre de este trabajo, ya que la eficiencia y productividad física, económica y social del agua usada por la agricultura y ganadería es clave a largo plazo en la sostenibilidad en que debe circunscribirse la producción de alimentos. Lo anterior es posible solamente si se determinan estrategias apropiadas para ahorrar agua y hacer eficiente su uso en la actividad agropecuaria, y la principal estrategia es incrementar la productividad del agua[12].

El concepto de la productividad del agua fue establecido ya en 1966 por Viets a mediados de la década de los sesentas[13], y no fue sino hasta inicios de este tercer milenio en que Kijne et al., (2003)[14] lo aplican como una medida para determinar la capacidad de los sistemas agrícolas de convertir

---

[10] Seckler, D., Upali, M.; Molden, D.; De Silva, R.; Barker, R. 1998. World wáter demand and supply, 1990 to 2025: Scenarios and Issues. Research Report 19. International Water Management Institute: Colombo, Sri, Lanka; 40pp. Disponible en: http://protosh2o.act.be/VIRTUELE_BIB/Water_in_de_Wereld/ALG-Algemeen/W_ALG_E22_World_Water.PDF/.

[11] Steduto, P.; Hsiao, T. S. & Fereres E. 2007. On the conservative behavior of biomass water productivity. Water productivity: Science and Practice. Irrigation Science. 25:189-207.

[12] Molden, D.; Murray-Rust, H.; Sakthivadivel, R; Makin, I.; 2003. A water productivity framework for understanding and action, pp.1-18. In: Kijne, J. W.; Barker, R.; Molden, D. J. 2003. Water productivity in agriculture: limits and opportunities for improvement. CAEI Publication, Wallingford UK. 332p.

[13] Viets, F. G. 1966. Increasing wáter use efficiency by soil management. In plant environment and efficient water use. Guilford RD., Madison, USA: American Society of Agronomy, Soil Science Society of America. 295pp.

[14] Kijne, J. W.; Barker, R.; Molden, D. J. 2003. Water productivity in agriculture: limits and opportunities for improvement. CABI Publication, Wallingford UK. 332p.

el agua en alimento, pero no es sino hasta 2010 que Molden et al (2010)[15] le definen de manera explícita como: "La productividad del agua es la proporción de los beneficios netos de los sistemas agrícolas, forestales, pesqueros, ganaderos y agrícolas mixtos a la cantidad de agua utilizada para producir esos beneficios. En su sentido más amplio, refleja los objetivos de producir más alimentos, ingresos, medios de subsistencia y beneficios ecológicos a un menor costo social y ambiental por unidad de agua consumida. La productividad física del agua se define como la relación entre la producción agrícola y la cantidad de agua consumida - "más cultivo por gota" - y la productividad económica del agua se define como el valor derivado por unidad de agua utilizada y esto también se ha utilizado para relacionar el agua uso en la agricultura para la nutrición, el empleo, el bienestar y el medio ambiente".

Con base en lo anterior, Rios *et al* (2015)[16] hacen explícitos los modelos generales para los índices de productividad y eficiencia del agua:

$$\Pr oductividad = \frac{Cantidad\ de\ producto}{Unidad\ de\ agua}$$

$$Eficiencia = \frac{Cantidad\ de\ agua}{Unidad\ de\ producto}$$

Así, la productividad del agua es un cociente, en el que en el numerador va la cantidad de producto físico, económico o social, mismo que se divide entre el volumen de agua que le dio origen tal como Molden (2010 *Op. cit.*) lo sugiere, mientras que un índice de eficiencia en el uso del agua sería el

---

[15]Molden, D.; Oweis, T.; Steduto, P.; Bindraban, P.; Hanja, M.; Kjine, J. 2010. Improving agricultural wáter productivity: Between optimism and caution. Agricultural Water Management, 94 (4): 528-535.

[16] Ríos, F. J. L.; Torres, M. M.; Castro, F. R.; Torres, M. M. A.; Ruiz, T. J. 2015. Determinación de la huella hídrica azul en los cultivos forrajeros del DR-017, Comarca Lagunera, México. Revista de la Facultad de Ciencias Agrarias. Universidad Nacional de Cuyo. 47(1): 93-107.

inverso del índice de productividad, es decir, que en e numerador va la cantidad de agua usada en la producción y en el denominador la cantidad de producto físico, económico o social obtenido al usar esa agua, el primero se expresa en kg m^{-3} y el segundo en m^3 kg^{-1}.

En la práctica, los indicadores de eficiencia y productividad del agua, son poderosas herramientas que facilitan el tomar decisiones que implican fomentar la superficie de algunos cultivos en un patrón agrícola o bien su disminución o desaparición, ello en función del objetivo inicialmente planteado, el objetivo puede ser la generación de mayor riqueza económica o bien la generación de un mayor nivel de bienestar social, como la generación de empleos, a la vez que se ahorra agua para las generaciones futuras. En este sentido Rios et al (2015 *Op. Cit.*) generaron primero, indicadores de eficiencia y productividad física, económica y social del agua usada en la producción de diversos cultivos forrajeros en el norte de México, y con base en esos indicadores, seleccionando los cultivos más eficientes y productivos al usar el agua en la producción, determinaron diversos escenarios, resaltando que era posible crear patrones agrícolas que podrían disminuir el volumen de agua usada en la producción hasta en 47%, equivalente a 492 millones de m^3 (volumen casi igual al volumen de sobreexplotación actual) y solo disminuir 2.5% (US$ 3.4 millones) el valor de la producción agrícola y 9% (469 empleos) el empleo, o bien, elevar 30.6% (US$ 42.1 millones) el Valor de la producción agrícola, incrementar 90.4% (US$ 38.7 millones) las ganancias y 13% (656 empleos) el empleo, pero con un costo de oportunidad ecológico elevado: incrementar 26% (273 millones de m) el^3 volumen de agua usado en la producción. El estado actual acerca del conocimiento de la eficiencia física, económica y social del agua, mediante la generación de indicadores, permite optimizar el agua a la vez que se maximizan el valor de la producción, las ganancias y el empleo.

El concepto de huella hídrica fue introducido por primera vez por Hoekstra & Chapagaine (2004)[17] en el Instituto para Educación en Agua de la UNESCO en 2004, y fue luego desarrollado por la Universidad de Twente en los Países Bajos y por la Red de Huella Hídrica (WFN por sus siglas en inglés). La huella hídrica fue propuesta como un indicador alternativo a la medición de la eficiencia del uso de agua, así como para ilustrar los flujos virtuales de agua hacia dentro y fuera de los países con el fin de comprender los requisitos directos y de suministro de agua necesarios para mantener el consumo de un país[18].

Hoekstra y Mekonnen[19][20] determinaron que para producir una tonelada de leche bovina se necesitan 1,020 m^3 de agua en promedio a nivel mundial. Al realizar una evaluación comparativa del consumo de agua de los sistemas de producción de leche bovina en 60 regiones lecheras de 49 países, Sultana *et al.* (2015)[21], encontraron que los litros de agua por kilogramo de leche corregida por energía oscilaron entre los 739 litros en granjas de Dinamarca a 5.622 litros en granjas de Uganda con una media global de 1.833 litros.

Rios *et al* (2017)[22] generaron un modelo matemático que permite estimar a la huella hídrica física "HHF" de un litro de leche (que mide la cantidad de m^3 de agua usada en la producción necesarios para producir un litro de leche), que en su fase aún no desarrollada, es decir en su fase inicial, la más

---

[17]Hoekstra A. Y., & Chapagain A. K. 2004. Water Footprints of Nations. UNESCO-IHE. Institute of Water Education. Value of Water. Research Report Series. Serie 16. Volume 1. Appendices. Netherlands.
[18] World Wildlife Fund. (2013). Estado del arte de la medición de la huella hídrica a nivel nacional es internacional. WWF. Perú. Pp. 113.
[19] Hoekstra, A.Y. 2012. *Op. Cit.*
[20] Mekonnen,M. M & Hoekstra, A. Y. 2012. *Op. Cit.*
[21] Sultana, M. N.; Uddin, M. M.; Ridoutt, B.; Hemme, T.; Peters, K. 2015. Benchmarking consumptive water use of bovine milk production systems for 60 geographical regions: An implication for Global Food Security. Global Food Security. 4:56-68.
[22] Rios-Flores, José Luis, Navarrete-Molina, Cayetano y Ruiz Torres José. 2017. La huella hídrica física del litro de leche bovina en el norte de México. En el libro: Avances en medicina veterinaria. ISBN 978-9942-759-54-2. Editado conjuntamente por el Centro de Investigación y Desarrollo del Ecuador y el Centro de Estudios Transdisciplinarios de Bolivia. Guayaquil, Ecuador. pp.20-36.

simple, HHF depende inicialmente de dos variables independientes X1 (volumen de agua en m^3 consumido por el bovino especializado en toda su vida útil) y X2 (producción física de litros de leche acumulada a lo largo de la vida útil del bovino), así de manera inicial:

$$HHF = \frac{X_1}{X_2} = \frac{Volumen\ de\ agua\ usado\ en\ la\ producción\ láctea}{Ganancia\ obtenida}$$

Conforme se profundiza el análisis de X1 y X2, se determinó, finalmente que HHF = f (X1, X2, X3…X27), es decir la HHF de la leche (HHFL) depende de 27 variables independientes, que ya en su forma desarrollada asume la forma siguiente:

$$HH_{FL} = \frac{365\left[10^4 X_{11}\sum_{i=1}^{n}\left(X_{12}\frac{\left(X_{15}/X_{16}\right)}{X_{14}}\right)+10^{-3}(X_{17}+2X_{18}+3X_{19})\right]+X_5\left[10^4\, X_3\sum_{i=1}^{n}\left(X_{23}\frac{\left(X_{15}/X_{16}\right)}{X_{14}}\right)+(365-X_3)\sum_{i=1}^{n}\left[X_{25}\frac{\left(X_{15}/X_{16}\right)}{X_{14}}\right]+\frac{365}{1.000}(X_{26}+X_{27})\right]}{X_3 X_4 X_5}$$

Ordóñez (2017)[23] retoma la ecuación de la HHF de Rios *et al (2017 Op. Cit.)* y multiplica al denominador X2 (en litros de leche) por la ganancia "g" por litro de leche (igual al precio "p" por litro de leche menos el coste "c" del litro de leche; divide a "g" entre la paridad cambiaria "PC" para obtener la ganancia en USD), obteniéndose así un cociente en el que en el numerador sigue apareciendo la X1 del modelo de Rios *et al* (2017 *Op. Cit.*), pero en el denominador aparece ahora la cantidad de ganancia producida por el bovino a lo largo de su vida útil, obteniéndose así la huella hídrica económica "HHE" (que mide cuantos m^3 de agua son necesarios para producir un dólar norteamericano de ganancia):

$$HHE = \frac{X_1}{X_2\left(\dfrac{g}{PC}\right)} = \left(\frac{X_1}{X_2}\right)\left(\frac{PC}{p-c}\right) = HHF\left(\frac{PC}{p-c}\right)$$

---

[23] Ordoñez Rodriguez, M. Y. 2017. Huella hídrica física y económica de la leche bovina del sistema especializado del DR005 Delicias, Chihuahua. Tesis profesional Universidad Autónoma Chapingo, Unidad Regional Universitaria de Zonas Áridas, Bermejillo, Durango.

Así, el modelo de HHE depende de 30 variables independientes: las 27 variables que Rios *et al (2017)* señalaban y tres nuevas variables independientes: ""p", "c" y "PC", y al nutrir el modelo de HHE con las 30 variables propias de la cuenca lechera del estado de Chihuahua, Ordóñez (2017) determinó que la HHF del modelo de Rios et al (2017 *Op. Cit.*) aplicándole a Chihuahua, arrojó que la HHF fue igual a 4.684 m^3 de agua usada en la producción por litro de leche, y que la HHE fue igual 11,426 m^3 de agua por cada MX$ de ganancia, y considerando una PC de MX$19.482 por USD, la HHE fue igual a 222.59 m^3 por cada USD de ganancia.

En relación a la producción ganadera del estado de Sonora, y más aún, de la importancia de la producción láctea del estado, la figura 1 señala que los principales productos pecuarios son la producción de carne de cerdo el cual representó 46.9% del VBP pecuario estatal, seguido de la producción de carne bovina con 25.7% del VBP estatal, el huevo para plato representó el 19.1% del VBP del sector pecuario en la entidad, seguido de la carne de ave la cual representa el 3.4% del VBP pecuario estatal. La producción de leche es la que representa menor aportación de valor, pues representa el 4.5% del VBP pecuario en la entidad, al producirse durante el 2013, un total de 111, 375 miles de litros lo que represento un ingreso para el estado igual a $ 644 millones de pesos.

Carne en canal de porcino
46.9% del valor total de la entidad

$6,738 MDP

242,158 toneladas

Carne en canal de bovino
25.7% del valor total de la entidad

$3,688 MDP

76,579 toneladas

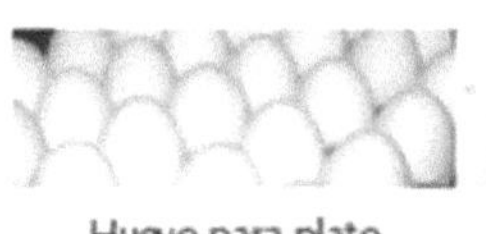

Huevo para plato
19.1%
del valor total de la entidad
$2,746 MDP

126,839 toneladas

Leche de bovino
4.5%
del valor total de la entidad
$644 MDP

111,375 miles de litros

Carne en canal de ave
3.4%
del valor total de la entidad
$484 MDP

29,353 toneladas

Figura 1. Contribución porcentual al VBP ganadero de los productos pecuarios de Sonora. Fuente: SIAP (2014)[24]

3.2. Sistemas de producción de leche

En México, de acuerdo con el SIAP (Sistema de Información Agropecuaria y Pesquera), la producción de leche bovina se lleva a cabo en cuatro sistemas de producción: Familiar (SF), Doble propósito (SDP), Semi-especializado (SSE) y especializado (SE) (ver cuadro 1).

El tamaño del hato, las razas de ganado, el uso de tecnología, el tipo de instalaciones, el tipo de alimentación, son entre otros, los pr ncipales parámetros que diferencian a los cuatro sistemas productores de eche en México, encontrándose en los extremos: al Sistema Fami iar y al Sistema de Doble propósito como los sistemas de producción de lecre donde el hato es pequeño, el uso de la mano de obra es familiar, el objetivo de la producción es el autoconsumo y solo ocasionalmente se destina al mercado, nc se tiene acceso o el acceso es en extremo limitado, al uso de alta tecnología,

---

[24] SIAP. 2014. Infografía Agroalimentaria de Sonora. Primera edición, 2014. Servicio de Información Agroalimentaria y Pesquera (SIAP) de la SAGARPA.

instalaciones adecuadas, veterinaria, administración y alimentación científicamente balanceada, con cruzas en vez de razas de ganado de alto registro y especializado en la producción de leche, y en extremo opuesto se encuentra el Sistema Especializado, y si bien el Sistema Semi-especializado no tiene sus mismas características, se encuentra más cercano a SE que al sistema Familiar (ver cuadro 1).

Cuadro 1. Características de los Sistemas de producción de leche bovina en México utilizados por SIAP (Sistema de Información Agropecuaria y Pesquera)

Sistema	Características
Especializado	Ganado especializado en la producción de leche; Razas Holstein.Pardo Suizao Americano y Jersey. Tecnología altamente especializada en la produccialimentación, en construcciones, en manejo, en administración, en enfriamiento y conservación del producto. Se desarrolla en los estados de Durango, Coahuila, Jalisco, Aguascalientes, Chihuahua, México, San Luis Potosí, Queretaro y Baja California
Semi-especializado	Ganado raza Holstein y Pardo Suizo,sin llegar a niveles de producción del sistema especializado. El ganado se mane_a en pequeñas extensiones de terreno. El ordeño se hace manualmente. La mayoría carece de equipo propio para el enfriamiento y conservación del producto. La alimentación del ganado es el pastoreo y forrajes. Se desarrolla en Baja California Sur, Colima, Chihuahua, Distrito Federal, Hidalgo, Jalisco, México, Morelos, Puebla, Sinaloa, Sonora Tlaxcala y Zacatecas.
Familiar o de traspatio	Explotación de ganado en pequeñas superficies de terreno. Aniales de raza Holstein, Suizo Americano y cruzas ce menor calidad. Nivel de tecnología bajo. Instalaciones rudimentarias, predominando ordeña manual. Alimentación en pastoreo. La producción es para autonsumo y en ocasiones para venta al púbico. Predomina en Jalisco, estado de México, Michoacán, Hidalgo y Sonora, en menor grado en Aguascalientes, Baja California, Coahuila. Chihuahua, Distrito Federal, Durango y Nuevo León.
Doble Propósito	Este sistema se desarrolla en regiones tropicales del país, con razas Cebuinas y cruzas con Suizo, Holstein y Simmental El ganado produce leche o carne dependiendo de la demanda del mercado, su alimentación se basa en el pastoreo. Cuenta con instalaciones adaptadas, empleando materiales de construcción de la región. Ordeña manual. Se ubica principalmente en Chiapas, Veracruz, Jalisco, Guerrero, Guanajuato, Tabasco, Zacatecas, Nayarit, San Luis Potosí y Tamaulipas, aunque tambien se observa en otros estados.

Fuente: Barrera y Sánchez (2003) citados por Rios, Agüero y Armendáriz (2017 a).

Por otra parte, la CEPAL (1986)[25] , a diferencia del SIAP, caracteriza a la producción agropecuaria en solamente dos sistemas de producción: la agricultura campesina y la agricultura empresarial. La tipificación la hace en base a ocho características: que comprenden el objetivo de la producción, el origen de la fuerza de trabajo, el compromiso laboral del jefe de empresa con la mano de obra, la tecnología, el destino del producto, el cómo se asume el riesgo y la incertidumbre en la producción, el carácter de la fuerza de trabajo y finalmente la composición del ingreso que la producción generó (ver cuadro 2).

---

[25] CEPAL (Comisión Económica Para la América Latina), 1986. Economía campesina y agricultura empresarial (tipología de productores del agro mexicano). Tercera edición. Siglo XXI Editores SA de CV, México.

Cuadro 2. Características diferenciales de la agricultura campesina y empresarial

	Agricultura campesina	Agricultura empresarial
Objetivo de la producción	Reproducción de los productores y de la unidad de producción	Maximizar la tasa de ganancia y la acumulación de capital
Origen de la fuerza de trabajo	Fundamentalmente familiar y, en ocasiones, intercambio recíproco con otras unidades; excepcionalmente,	Asalariada
Compromiso laboral del jefe con la mano de obra	Absoluto	Inexistente, salvo por obligación legal
Tecnología	Alta intensidad de mano de obra, baja densidad de "capital" y de insumos comprados por jornada de trabajo	Mayor densidad de capital por activo y mayor proporción de insumos comprados en el valor del producto final
Destino del producto y origen de los insumos	Parcialmente mercantil	Mercantil
Criterio de intensificación de trabajo	Máximo producto total, aún a costa del descenso del producto medio. Límite: Producto marginal cero	Productividad marginal mayor o igual que el salario
Riesgo e incertidumbre	Evasión no probabilística: "Algoritmo de sobrevivencia"	Internalización probabilística buscando tasas de ganancia proporcionales al riesgo
Carácter de la fuerza de trabajo	Fuerza valorizada de trabajo intransferible o marginal	Solo emplea fuerza de trabajo transferible en función de calificación
Componentes del ingreso o producto neto	Producto o ingreso familiar indivisible y realizado parcialmente en especie	Salario, renta y ganancias, exclusivamente pecuniarias

Fuente: CEPAL (1986) pag. 79.

De acuerdo a la CEPAL (1986, *Op. Cit.*) Al dar el primer lugar al objetivo de la producción, lo convierte en el elemento más importante entre los ocho rubros diferenciadores de la producción campesina y la empresarial, pues delimita si se produjo para la subsistencia o si la producción se llevó a cabo para obtener ganancias, asimismo, de si la mano de obra que se usó fue de origen familiar o bien fue asalariada, y de si la producción tiene un alto o bajo componente tecnológico.

Así con base en las características señaladas en el cuadro 1 para cada uno de los cuatro sistemas productores de leche en México y de las características de la producción campesina y de la producción empresarial, es válido aglutinar al Sistemas Familiar (SF) y al Sistema de Doble Propósito productores de leche bovina, lo mismo que al Sistema caprino productor de leche (que cuenta con características de atraso aún mayores que el Sistema Familiar productor de leche bovina) en un solo sistema productor de leche: *El Sistema Campesino*, y a los sistemas Especializado (SE) y Semi-especializado (SSE) como los componentes del *sistema empresarial* productor de leche en México.

Marcial (2017)[26] amplía la caracterización señalada en el cuadro de cada uno de los cuatro sistemas productores de leche en México, el Doble propósito, Especializado, Familiar y Semi-especializado, señalados a continuación:

Doble propósito: Utiliza razas cebuinas y sus cruzas. Se caracteriza por que el ganado tiene como función zootécnica la producción de carne y leche. Generalmente el manejo de los animales se efectúa en forma extensiva y su alimentación se basa en el pastoreo con un mínimo de suplementación alimenticia y ocasionalmente con el empleo de subproductos agrícolas. Cuenta con instalaciones adaptadas y la ordeña se realiza básicamente en forma manual.[27]

Especializado: Se caracteriza por contar con ganado especializado en la producción de leche, fundamentalmente por la raza Holstein y en menor medida Jersey y Pardo Suizo Americano; cuenta con tecnología ampliamente especializada para la producción láctea; el sistema de manejo del ganado es predominantemente estabulado. La dieta del ganado se basa en forrajes de corte y alimentos balanceados. La ordeña está mecanizada y los volúmenes producidos se destinan principalmente a las plantas pasteurizadoras y

[26]Marcial L. W. 2016. La ganadería familiar y empresarial en la economía del sector lácteo-bovino en el estado de Sonora, México. Tesis profesional. Unidad Regional Universitaria de Zonas Áridas-Universidad Autónoma Chapingo, Bermejillo, Durango, México.
[27]Marcial L. W. 2016 *Op. Cit.*

transformadoras. Este sistema bien puede ser tipificado como el de la economía capitalista-empresarial o de los grandes productores en tanto una de sus características es el gran tamaño del hato por productor, así como el tener acceso a fuentes de capital muy amplias.[28]

Familiar: Este sistema representa la tradición ganadera de nuestro país. La explotación del ganado se limita a áreas pequeñas, cuando éstas se ubican cerca de las viviendas se les denomina de "traspatio". Los animales son preferentemente de las razas Holstein y en menor proporción Suizo Americano y cruzas, aunque no de la calidad genética que distingue al sistema especializado; se le puede encontrar estabulado o semiestabulado; la alimentación se basa en el pastoreo o en el suministro de forrajes y esquilmos provenientes de los cultivos que produce el mismo productor. La producción de leche se considera de buena calidad. Este sistema bien puede señalársele como el propio de la producción campesina[29].

Semiespecializado: En la base genética de este sistema predomina la raza Holstein y Pardo Suizo, sin llegar a los niveles de producción y lactancia del sistema especializado. El ganado se mantiene en condiciones de semiestabulación, se desarrolla en pequeñas extensiones de terreno. Las instalaciones están acondicionadas o adaptadas para la explotación de ganado. La ordeña se realiza en forma manual, con ordeñadoras individuales o de pocas unidades. En muchas explotaciones se carece de equipo propio para el enfriamiento y conservación de la leche, por lo que se considera un nivel medio de incorporación tecnológica en infraestructura y equipo. Existe cierto tipo de control productivo y programas en reproducción que incluye inseminación artificial.[30]

---

[28] Marcial L. W. 2016 *Op. Cit.*
[29] Marcial L. W. 2016 *Op. Cit.*
[30] Marcial L. W. 2016 *Op. Cit.*

En producción de leche, la estructura del estrato de productores con menos de 10 bovinos se concentra el 56% de las fincas de doble propósito y el 77% de las especializadas, que a su vez controlan el 18% y casi el 28% del ganado respectivamente. En tanto que los ganaderos con más de 100 cabezas concentran el 2.7% de las unidades de dobles propósito y el 1.1% de los especializados poseen el 27% y el 25% del ganado de manera respectiva. Lo anterior refleja una estructura de la lechería mexicana bimodal lo cual conlleva niveles de producción y productividad muy diferentes y, también un impacto diferenciado de las políticas lecheras (Marcial, 2016 *Op. Cit.*).

IV. MATERIALES Y MÉTODOS

4.1. Ubicación geográfica del área de estudio

Sonora se ubica en la región noroeste del país, comprende una extensión territorial de 179 503 km^2 que le confiere el segundo lugar nacional en extensión, sólo después de Chihuahua, al representar 9.2% del territorio mexicano.

Figura 2. Localización geográfica del estado de Sonora, México. Fuente SIAP (2014)[31]

El estado de Sonora tiene como frontera en su parte norte, a los Estados Unidos de Norteamérica, al este colinda con Chihuahua y con Sinaloa, al sur colinda tanto con Sinaloa como con el Golfo de California; al oeste con el Golfo de California y Baja California. Las coordenadas geográficas del estado de Sonora son las siguientes: al norte 32° 50', al sur 26° 58' de latitud norte; al este 108° 20', al oeste 115° 03' longitud oeste (Fig. 2). Respecto a los

---

[31] SIAP. 2014. *Op. Cit.*

climas, aproximadamente en 95% del territorio sonorense son muy secos, secos y semisecos; se caracterizan por su alta temperatura y escasa precipitación. Como consecuencia de lo anterior, es aquí donde se localiza la zona más árida del país: el Desierto de Altar.

4.2. Fuentes de información, definiciones y variables analizadas.

La primer fuente o base de datos para cada uno de los cuatro sistemas de producción de leche bovina en Sonora: Bovino de doble propósito, Bovino semi-intensivo, Bovino familiar y Bovino intensivo, correspondientes a las variables macroeconómicas de:

a) Número "N" de animales en explotación para cada uno de los cuatro sistemas de producción. Se tomó 2013 como período a contrastar, pues el SIAP registró el número de animales en explotación hasta el año 2013, posterior a ese año en su lugar aparece el inventario ganadero, del que el número de animales en explotación es solo una parte, incluye vacas secas y terneros, entre otros, por lo que se torna inexacto.

b) Producción física anual de todo el hato correspondiente a cada uno de los cuatro sistemas de producción (medido en ton de leche por año).

c) Valor Bruto de la Producción VBP (en miles de pesos mexicanos, en términos nominales, es decir que aún encierran el efecto de la inflación).

Fueron obtenidos de SIAP (Sistema de Información Agropecuaria, de SAGARPA) para loa años ganaderos de 2005 y 2013. Con la base de datos anterior, se obtuvieron de nuestra parte las siguientes variables macroeconómicas:

d) PMR ó Precios Medios Rurales nominales, que es el precio promedio anual de cada una de las leches producidas en cada uno de los cuatro sistemas de producción señalados. EL PMR se valoró a precios productor a pie de finca valorado a precios de mercado (sin excluir el efecto de la diferencia entre impuestos indirectos y subsidios). El PMR nominal, en pesos mexicanos nominales por kg de leche se obtuvo mediante la división del VBP nominal entre la producción física[32] anual a nivel de cada uno de los sistemas productores de leche, así el PMR se valoró inicialmente en pesos mexicanos (MX$) nominales por kg de leche, posteriormente se valoró el PMR en MX$ por litro de leche. El PMR nominal por litro de leche se deflactó primero a pesos constantes de 2018[33] y finalmente mediante la paridad cambiaria "PC" usual del mercado, se valoraron los precios por litro de leche en dólares norteamericanos (USD) constantes del año 2018.

e) Rendimiento físico por bovino "R" (medido en kg de leche producida por bovino por año), el cual se obtuvo mediante la división de la producción física anual (convertida de ton a kg por año) entre el correspondiente número de animales en explotación para cada uno de los cuatro sistemas de producción de leche reportados por SIAP.

f) Rendimiento Monetario por Bovino en términos reales (en USD constantes de 2018) se obtuvo mediante la multiplicación del Rendimiento físico "R" por el precio real valorado en USD constantes de 2018.

4.3. Métodos empleados

Se aplicó a las variables macroeconómicas los métodos matemático y analítico-sintético-lógico, propios ambos de la ciencia de la Economía

---

[32] Considerando que un litro de leche representa entre 1.02 a 1.04 kg, dependiendo de la cantidad de grasa, considerándose usualmente una proporción de un litro de leche igual a 1.034 kg de leche. Esta proporción entre de 1litro de leche es a 1.034 kg de leche varía por factores como por la raza, manejo, la alimentación, clima, sanidad, etcétera.

[33] Se utilizó Índice Nacional de Precios al Productor, con base junio 2002=100, mismo al que se le cambió la base a 2018=100, para los sectores: Agricultura, cría y explotación de animales, aprovechamiento forestal, pesca y caza, elaborado por el clasificador oficial de actividades económicas, el Sistema de Clasificación Industrial de América del Norte (SCIAN) emitido por el Instituto Nacional de Estadísticas y Geografía que a su vez tiene por fuente al Banco de México

Zootécnica-Descriptiva, asimismo, de esa rama económica se utilizaron dos enfoques:

Macroeconómico. El ente económico estudiado fue un sujeto macro, en este caso la economía ganadera productora de leche bovina en el estado de Sonora, México.

Estático-comparativo. Se utilizó este enfoque, de la Economía Descriptiva (Astori[34]) en tanto se comparó el año 2013 en contra del año 2005, se analizaron solamente los años extremos del período comprendido entre 2005 y 2013, correspondiendo al año 2005 hacer las veces de parámetro de comparación en contra del cual se comparaba al año de 2013.

4.4. Ecuaciones matemáticas utilizadas

Con base en los modelos matemáticos de Rios *et al* (2015) para estimar la productividad física, económica y social del agua de cualquier cultivo agrícola en lo individual, así como para un agregado de cultivos, y en el modelo matemático de Rios *et al (2017)* para estimar la huella hídrica física de un litro de leche señalados en el cuadro 3, se consideró de ellos sólo la parte general del modelo, que señala que, todo índice huella hídrica, lo mismo que todo índice de productividad del agua o de eficiencia del agua, son cocientes en los que se divide la cantidad de agua usada en la producción entre la cantidad de producto (físico, económico o social) que se logró obtener (si se trata de un indicador de eficiencia), por ejemplo:

$$Eficiencia\ física = \frac{Cantidad\ de\ agua}{Cantidad\ de\ producto} = \frac{10^4 \sum_{i=1}^{n} S_i\ LR_i\ (EC_i)^{-1}}{\sum_{i=1}^{n} S_i\ RF_i}$$

O bien, es un índice de productividad del agua, expresado mediante un cociente en el que se divide la cantidad de producto (físico, económico o

---

[34] Astori D. 1984. Enfoque crítico de los modelos de contabilidad social. 5ª edición. Siglo veintiuno editores. México.

social) obtenido al usar un m^3 (o un hm^3) de agua en su producción, por ejemplo:

$$productividad\ económica = \frac{ganancia}{cantidad\ de\ agua} = \frac{10^2 \sum_{i=1}^{n} S_i\,(RF_i\,P_i - C_i)}{\sum_{i=1}^{n} S_i\,LR_i\,(C_i)^{-1}}$$

Cuadro 3: Modelos matemáticos utilizados para la medición de la Huella Hídrica en sus formas física, económica y social

Variable	Modelo para un cultivo en lo individual	Modelo para un agregado grupal de cultivos
1) L kg^{-1}	$Y = 10^4 * LRi * (RFi * ECi)^{-1}$	$y = \dfrac{10^4 \sum_{i=1}^{n} S_i\,LR_i\,(EC_i)^{-1}}{\sum_{i=1}^{n} S_i\,RF_i}$
2) kg m^3	$Y = 10^{-1} * RFi * ECi * LRi^{-1}$	$y = \dfrac{10^{-1} \sum_{i=1}^{n} S_i\,RF_i}{\sum_{i=1}^{n} S_i\,LR_i\,(EC_i)^{-1}}$
3) m^3 US\$ de ganancia^{-1}	$Y = 10^4 * LRi * (ECi * gi)^{-1}$	$y = \dfrac{10^4 \sum_{i=1}^{n} S_i\,LR_i\,(EC_i)^{-1}}{\sum_{i=1}^{n} S_i\,(RF_i\,P_i - C_i)}$
4) US\$ de ganancia hm^{-3}	$Y = 10^2 * gi * ECi * LRi^{-1}$	$y = \dfrac{10^2 \sum_{i=1}^{n} S_i\,(RF_i\,P_i - C_i)}{\sum_{i=1}^{n} S_i\,LR_i\,(C_i)^{-1}}$
5) Empleos hm^{-3}	$y = \dfrac{25}{72}\dfrac{J_i}{(LR_i\,/\,EC_i)}$	$y = \dfrac{25}{72}\dfrac{\sum_{i=1}^{n} S_i J_i}{\sum_{i=1}^{n} S_i (LR_i\,/\,EC_i)}$
6) m^3 empleo^{-1}	$y = \dfrac{2.88 * 10^6\,LR_i}{J_i\,EC_i}$	$y = \left(2.88 * 10^6\right)\dfrac{\sum_{i=1}^{n} S_i (LR_i\,/\,EC_i)}{\sum_{i=1}^{n} S_i J_i}$

7)

$$HH_{FL} = \frac{365\left[10^4 X_{11} \sum_{i=1}^{n}\left(X_{12}\frac{\left(X_{15}/X_{16}\right)}{X_{14}}\right) + 10^{-3}(X_{17} + 2X_{18} + 3X_{19})\right] + X_5\left[10^4\left[X_3 \sum_{i=1}^{n}\left(X_{23}\frac{\left(X_{15}/X_{16}\right)}{X_{14}}\right) + (365 - X_3)\sum_{i=1}^{r}\left[X_{25}\frac{\left(X_{15}/X_{16}\right)}{X_{14}}\right] + \frac{.365}{1.000}(X_{26} + X_{27})\right]\right]}{X_3 X_4 X_5}$$

HHF de un litro de leche

Fuente: Elaboración propia, con base en los modelos matemáticos estimadores de la huella hídrica física de un litro de leche (modelo 7, Rios *et al* 2017), y de los modelos de productividad física, económica y social para un cultivo en lo individual o para agregados de cultivos (modelos 1 a 6) de Rios *et al* (2015).

Se modificó[35] la parte posterior derecha de esa igualdad matemática, de manera tal que quedó de la forma siguiente cada modelo usada en este estudio para determinar las huellas hídricas física, económica y social del agua usada en la producción láctea de Sonora:

Huellas hídricas expresadas como ***indicadores de eficiencia*** del agua usada en la producción láctea bovina en Sonora, México:

$$HHF_{I.eficiencia} = \frac{Cantidad\ de\ agua}{producción\ de\ leche} = \frac{\sum_{i=1}^{n}\left[Q_i * HHf_i\right]}{\sum_{i=1}^{n}Q_i} = \frac{\sum_{i=1}^{n}\left[N_iR_i * HHf_i\right]}{\sum_{i=1}^{n}\left[N_iR_i\right]}$$

$$HHE_{I.eficiencia} = \frac{Cantidad\ de\ agua}{VBP\ lácteo} = \frac{\sum_{i=1}^{n}\left[Q_i * HHf_i\right]}{\sum_{i=1}^{n}\left[Q_i * p_i\right]} = \frac{\sum_{i=1}^{n}\left[N_iR_i * HHf_i\right]}{\sum_{i=1}^{n}\left[N_iR_i * p_i\right]}$$

$$HHS_{I.eficiencia} = \frac{Cantidad\ de\ agua}{Empleos\ generados\ en\ la\ producción\ láctea} = \frac{\sum_{i=1}^{n}\left[Q_i * HHf_i\right]}{\sum_{i=1}^{n}\left(N_i / k_i\right)} = \frac{\sum_{i=1}^{n}\left[N_iR_i * HHf_i\right]}{\sum_{i=1}^{n}\left[N_iR_i\right]}$$

Huellas hídricas expresadas como ***indicadores de productividad*** del agua usada en la producción láctea bovina en Sonora, México:

$$HHF_{Iproductividad} = \frac{producción\ de\ leche}{Cantidad\ de\ agua} = \frac{\sum_{i=1}^{n}Q_i}{\sum_{i=1}^{n}\left[Q_i * HHf_i\right]} = \frac{\sum_{i=1}^{n}\left[N_iR_i\right]}{\sum_{i=1}^{n}\left[N_iR_i * HHf_i\right]}$$

---

[35] Agradecemos al Dr. José Luis Rios Flores, director de este trabajo de tesis, por auxiliarnos en la determinación de estos modelos matemáticos complejos, usados en este trabajo para determinar las huellas hídricas físicas, económicas y sociales de la producción láctea en Sonora, sin su ayuda nos hubiera resultado más laborioso elucubrar las ecuaciones matemáticas resultantes.

$$HHE_{I.productividad} = \frac{VBP\ l\acute{a}cteo}{Cantidad\ de\ agua} = \frac{\sum_{i=1}^{n}\left[Q_i * p_i\right]}{\sum_{i=1}^{n}\left[Q_i * HHf_i\right]} = \frac{\sum_{i=1}^{n}\left[N_i R_i * p_i\right]}{\sum_{i=1}^{n}\left[N_i R_i * HHf_i\right]}$$

$$HHS_{I.poductividad} = \frac{Empleos\ generados\ en\ la\ producci\acute{o}n\ l\acute{a}ctea}{Cantidad\ de\ agua} = \frac{\sum_{i=1}^{n}\left[N_i / k_i\right]}{\sum_{i=1}^{n}\left[Q_i * HHf_i\right]} = \frac{\sum_{i=1}^{n}\left[N_i / k_i\right]}{\sum_{i=1}^{n}\left[N_i R_i * HHf_i\right]}$$

Dónde:

HHF **Índice de eficiencia** = Huella hídrica ***Física*** (expresada en m^3 L^{-1}, es decir, m^3 de agua usada en la producción por litro de leche producido).

HHF **Índice de productividad** = Huella hídrica ***Física*** (expresada en L m^{-3}, es decir, litros de leche producidos por cada m^3 de agua usada en la producción).

HHE **Índice de eficiencia** = Huella hídrica ***Económica*** (expresada en m^3 / 1 USD de ingreso, es decir, m^3 de agua usada en la generación de un dólar norteamericano de ingreso en la producción láctea).

HHE **Índice de productividad** = Huella hídrica ***Económica*** (expresada en USD m^{-3}, es decir, cantidad de ingreso monetario generado, expresado en USD, por cada m^3 de agua usada en la producción).

HHS **Índice de eficiencia** = Huella hídrica ***Social*** (expresada en m^3 empleo^{-1}, es decir, en m^3 de agua usada en la producción asociada a la generación de un empleo en la producción láctea).

HHS **índice de productividad** = Huella hídrica *__Social__* (expresada en Empleos m^{-3}, es decir, cantidad de empleos generados y asociados cada hm^3 de agua usado en la producción láctea)[36].

i = i-ésimo sistema productor de leche

Q = Cantidad física de leche producida, en litros[37], en un año.

N = Numero de animales en explotación.

R = Rendimiento físico por animal (en litros de leche por vaca por año).

VBP lácteo = Valor Bruto de la Producción del í-ésimo sistema productor de leche (en millones de USD).

k = coeficiente de número de animales por trabajador. En este estudio se consideraron los índices proporcionados por el M. C. Mario Carrasco, gerente de la empresa INNOVALECHERA, dedicada a la consultoría técnica en ranchos ganaderos productores de leche en La Comarca Lagunera, México en vacas por trabajador: 15 en el SF, 25 en el SDP, 60 en el SSE y 100 en el SE.

HHf = Huella hídrica física de un litro de leche, reportadas para los sistemas de producción de leche: pastoreo, mixtos e industriales por Mekonnen y Hoekstra (2012)[38] en promedio mundial; son los indicadores señalados en el cuadro 8.

---

[36] Al medir la HHS en empleos generados por m^3, se obtiene un indicador de difícil lectura, por ejemplo 0.0000026 empleos por m^3, indicador que al transformarse quedaría como 2.6 empleos hm^2, es decir, que el uso de un volumen de agua igual a un millón de metros cúbicos, se asociaría a la generación de 2.6 empleos permanentes directos, lo que es de más fácil comprensión para el lector que el indicador de 0.0000026 empleos m^{-3}.

[37] Recuérdese que se suele tomar la proporción de 1 litro = 1.034 kg de leche, ello por si la producción estuviese expresada en toneladas.

[38] Ver la tabla 1 de: Mekonnen M., and Hoekstra A. Y. 2012. A global assessment of the water footprint of farm animal products. Ecosystems (2012) 15:401-415. DOI: 10.1007/s10021-011-9517.8.

p i = Precio real del litro de leche en USD, del i-ésimo sistema productor de leche, donde:

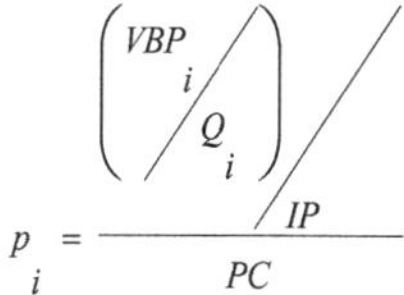

$$p_i = \frac{\left(VBP_i \middle/ Q_i \right) \middle/ IP}{PC}$$

IP = índice de precios productor del sector ganadero.

PC = Paridad cambiaria oficial del Banco de México.

V. RESULTADOS Y DISCUSIÓN

5.1. Número de animales en explotación, producción física anual, valor de la producción y empleo

En términos absolutos, el tamaño del hato productor de leche en el estado de Sonora, de acuerdo con el cuadro 4, disminuyó de manera sensible, ya que en 2005 el hato lechero ascendía a 70,677 animales en explotación, mientras que en 2013 descendió 40.2% hasta situarse en 42,294 animales, decreciendo a una velocidad del orden de 5.5 unidades porcentuales por año, observándose que el hato sonorense también disminuyó en términos relativos, ya que en relación al hato productor de leche en el país, pasó de representar el 4.1% a ser solamente el 3.4%.

Cuadro 4. Número de animales en explotación lechera por sistemas productores en Sonora y México 2005 – 2013

Nivel de agregación	Sistema	2005	2013	Incremento	TAC
	SBF	18,556	18,843	1.5%	0.2
	SBDP	2,480	2,270	-8.5%	-1.0
	Caprino (UA)	2,900	2,203	-24.0%	-3.0
	Campesino	**23,936**	**23,316**	**-2.6%**	**-0.3**
Sonora	SBSE	37,033	9,837	-73.4%	-13.7
	SBE	9,708	9,141	-5.8%	-0.7
	Empresarial	**46,741**	**18,978**	**-59.4%**	**-9.5**
	C + Emp	**70,677**	**42,294**	**-40.2%**	**-5.5**
	Composición	1.95	0.81		
	Sonora/México	4.1%	3.4%		
	SBF	88,708.00	56,130.00	-36.7%	-5.0
	SBDP	298,516.00	171,043.00		
	Caprino (UA)	517,907.00	275,961.00	-46.7%	-6.8
	Campesino	**905,131**	**503,134**	**-44.4%**	**-6.3**
México	SBSE	212,060.00	296,666.00		
	SBE	607,632.00	454,633.00	-25.2%	-3.2
	Empresarial	**819,692**	**751,299**	**-8.3%**	**-1.0**
	C + Emp	**1,724,823**	**1,254,433**	**-27.3%**	**-3.5**
	Composición	0.91	1.49		

Fuente: Elaboración propia con base en cifras del SIAP (2018). Significado de abreviaturas: S = Sistema productor. B = Leche bovina. F = Familiar. DP = Doble propósito. SE = Semi-especializado. E = Especializado.

Al desagregar el hato en ambos sistemas productores de leche, el campesino y el empresarial, el cuadro 4 muestra que si bien en ambos sistemas se tuvo una disminución en el número de animales productores de leche, en el Sistema Campesino fue menos marcado el descenso, ya que el hato disminuyó 2.6% en el período, disminuyendo a una velocidad anual del 0.3%, mientras que en el Sistema Empresarial productor de leche, el hato se redujo en 3/5 partes (cayó 59.4%) al caer de 46,741 animales en 2005 a solamente 18,978 en 2013, su tasa de decrecimiento fue del orden de 9.5% anual, en el caso del Sistema Campesino, en cifras absolutas, las cifras señalan que el hato pasó de 23,936 a 23,316, que en términos prácticos equivale a haber permanecido casi estático, debe observarse que entre los sistemas componentes del Sistema Campesino, el SF incrementó en 1.5% (de 18,556 animales a 18,843), pero no bastó para contrarrestar el descenso del número de animales del SDP y el sistema caprino productor de leche, situación que finalmente arrastró a ese ligero descenso en el hato campesino productor de leche. En el caso del Sistema Empresarial productor de leche, la fuente sugiere que si bien los dos sistemas que le conforman, el Sistema Especializado y el Semi-especializado, disminuyeron el tamaño de su hato, en el Sistema-semi-especializado se observa que casi desapareció, pues redujo el número de animales en explotación en un 73.4% al ir de 37,033 a 9,837 vacas en explotación, mientras que el Sistema Especializado al caer de 9,708 a 9,141 vientres se redujo solamente en 5.8%.

Es de remarcarse que el cuadro 4 indica que la evolución en la composición del hato, vista como la proporción de vacas del Sistema Empresarial por cada vaca en producción en el Sistema Campesino, siguió diferente tendencia a nivel nacional y a nivel de Sonora, ya que mientras en Sonora los indicadores de 1.95 y 0.81 respectivamente para os años analizados, indican que en la producción de leche el Sistema Campesino *desplazó* al Sistema Empresarial, a nivel nacional fue lo contrario, pues los indicadores, 0.91 y 1.49, sugieren que el Sistema Empresarial productor de leche *desplazó* a la producción de leche de origen campesino. Lo anterior consideramos obedece a que Sonora no es un estado donde la producción de leche sea una actividad ganadera preponderante, es más bien la producción de carne, por lo que, la producción campesina de leche, necesaria para la economía pero menos rentable que la producción de carne, se insiste, ahí en Sonora, se ve subsumida, articulada, a la lógica de acumulación del capital, que le encarga la producción de esa mercancía poco rentable pero necesaria para el mercado, al sector campesino. Los porcentajes del número de animales en explotación y su producción en el contexto nacional así lo demuestran, pues con 3.4% del hato nacional Sonora solamente aportó 1.9% de la producción física anual y 1.8% del VBP lácteo (ver cuadros 3, 4 y 5).

Con 118,005.4 y 108,085.4 miles de litros de leche en 2005 y 2013, Sonora aportó apenas el 2.4 y el 1.9% del total de leche producida a nivel nacional. La fuente, el cuadro 5, señala también que al desagregar la producción en cada uno de los dos sistemas productores, se observa que el Sistema Campesino pasó del 15 al 21% de la producción estatal de leche (con 17.72 y 22.74 millones de litros de leche por año), desplazando así al Sistema Empresarial productor de leche, cuyo volumen decayó de 100.28 a 85.33 millones de litros de leche. Contrario a Sonora, donde el Sistema Campesino fue el *desplazante*, a nivel nacional, el Sistema Campesino productor de leche fue *desplazado* por el Sistema Empresarial, ya que este último elevó su participación en la producción láctea nacional desde el 87.2% en 2005 (con 4,334.01 millones de litros de leche) hasta el 91% en 2013 (con 5,191.58 millones de litros de leche).

Dentro del Sistema Campesino de Sonora, la producción de leche caprina, contribuyó con el 7.3 y 3.4% del volumen físico producido de leche en el período, manifestó una tendencia decreciente, que en términos absolutos fue de 1.298 a 0.771 millones de litros de leche (ver cuadro 5), el cual si bien es bajo, reviste una importancia social grande, ya que, esa actividad es la fuente de ingresos de un notable número de familias campesinas, que merced a la producción lácteo caprina, complementada con la venta de cabras y cabritos para carne, obtienen buena parte de su fuente de ingresos.

Cuadro 5. Producción anual de leche (en miles de litros) por sistemas productores en Sonora y México 2005 – 2013

Nivel de agregación	Sistema	2005	2013	Incremento	TAC
Sonora	SBF	12,720.5	17,198.1	35.2%	3.4
	SBDP	3,705.6	4,778.6	29.0%	2.9
	Caprino (UA)	1,298.2	771.5	-40.6%	-5.6
	Campesino	**17,724.2**	**22,748.2**	**28.3%**	**2.8**
	SBSE	31,792.1	25,307.1		
	SBE	68,489.1	60,030.1	-12.4%	-1.5
	Empresarial	**100,281.2**	**85,337.2**	**-14.9%**	**-1.8**
	C + Emp	**118,005.4**	**108,085.4**	**-8.4%**	**-1.0**
	Composición:Sistema Empresarial/Sistema Campesino	5.7	3.8		
	Sonora/México	2.4%	1.9%		
México	SBF	181,858.3	174,521.2	-4.0%	-0.5
	SBDP	351,249.6	270,172.5	-23.1%	-2.9
	Caprino (UA)	105,595.8	85,724.0	-18.8%	-2.3
	Campesino	**638,703.8**	**530,417.7**	**-17.0%**	**-2.0**
	SBSE	683,756.0	1,457,313.2	113.1%	8.8
	SBE	3,650,254.7	3,734,273.7	2.3%	0.3
	Empresarial	**4,334,010.7**	**5,191,587.0**	**19.8%**	**2.0**
	C + Emp	**4,972,714.5**	**5,722,004.7**	**15.1%**	**1.6**
	Composición	6.79	9.79		

Fuente: Elaboración propia con base en cifras del SIAP (2018). Significado de abreviaturas: S = Sistema productor. B = Leche bovina. F = Familiar. DP = Doble propósito. SE = Semi-especializado. E = Especializado. C = Sistema campesino. Emp = Empresarial. La composición de la producción expresa cuantos litros de leche son producidos en el sistema empresarial por cada litro de leche producido en el sistema campesino.

La composición de la producción láctea del cuadro 5 señala que a nivel de Sonora, por cada litro de leche producido en el Sistema Campesino en 2005 el Sistema Empresarial producía 5.7 litros, pero ya en 2013 la proporción disminuyó a solamente 3.8 litros por cada litro de leche campesina, es decir, en la producción física también se determinó que el Sistema Campesino desplazó al Sistema Empresarial, mientras que a nivel nacional se observó que fue el Sistema Empresarial quien desplazó al Sistema Campesino, toda vez que en 2005 el Sistema Empresarial producía 6.79 litros por cada litro de leche producida en el Sistema Campesino, mientras que ya en 2013 la proporción se amplió hasta 9.79 litros de leche empresarial por cada litro de origen campesino.

A nivel de tasas anuales de crecimiento, en Sonora la producción de leche disminuyó en el lapso a razón de 1% cada año, mientras que a nivel de todo el país, la producción láctea creció al 1.6% anual. Por sistemas productores, en Sonora, la producción campesina de leche aumentó al 2.8% anual mientras que la producción empresarial disminuía al 1.8%, contrario a México, donde el primero disminuyó al 2% anual y la leche empresarial aumentaba al 2% (ver cuadro 5).

El cuadro 6 muestra que Sonora tuvo un VBP lácteo decreciente, ya que de USD 53.12 millones cayó 40% hasta ubicarse solamente en USD 31,86 millones en 2013, mientras que a nivel nacional el VBP lácteo disminuyó también, pero en menor porcentaje, 17.3%, de USD 2,091.4 a USD 1,729.3 millones. A nivel de tasas de crecimiento, Sonora vio disminuir la velocidad de su VBP a un ritmo del 5.5% anual, a la par que a nivel nacional el VBP lácteo disminuyó al 2.1% anual.

Cuadro 6. Valor Bruto de la Producción (VBP) anual de leche (en millones de USD constantes de 2018) por sistemas productores en Sonora y México 2005 – 2013

Nivel de agregación	Sistema	2005	2013	Incremento	TAC
Sonora	SBF	4.87	4.21	-13.5%	-1.6
	SBDP	1.44	1.23		
	Caprino (UA)	0.36	0.18	-50.2%	-7.5
	Campesino	**6.67**	**5.62**	**-15.7%**	**-1.9**
	SBSE	11.34	6.40		
	SBE	35.11	19.84	-43.5%	-6.1
	Empresarial	**46.45**	**26.23**	**-43.5%**	**-6.2**
	C + Emp	**53.12**	**31.86**	**-40.0%**	**-5.5**
	Composición	6.96	4.67		
	Sonora/México	2.5%	1.8%		
México	SBF	75.0	47.0	-37.4%	-5.1
	SBDP	157.4	84.5	-46.3%	-6.7
	Caprino (UA)	38.0	20.5	-46.2%	-6.7
	Campesino	**270.4**	**152.0**	**-43.8%**	**-6.2**
	SBSE	251.9	404.0	60.3%	5.4
	SBE	1,569.1	1,173.4	-25.2%	-3.2
	Empresarial	**1,821.0**	**1,577.4**	**-13.4%**	**-1.6**
	C + Emp	**2,091.4**	**1,729.3**	**-17.3%**	**-2.1**
	Composición	6.73	10.38		

Fuente: Elaboración propia con base en cifras del SIAP (2018). Significado de abreviaturas: S = Sistema productor. B = Leche bovina. F = Familiar. DP = Doble propósito. SE = Semi-especializado. E = Especializado. C = Sistema campesino. Emp = Empresarial. La composición del valor de la producción expresa cuantos USD son producidos en el sistema empresarial por cada 1 USD producido en el sistema campesino.

Tanto a nivel Sonora como a nivel México, el Sistema Campesino tiene un peso relativamente bajo en el VBP lácteo, en Sonora fue del 15 al 21% en el lapso analizado, y a nivel nacional el aporte campesino al VBP lácteo disminuyó del 12.5 al 9.3%. Sonora contribuyó con USD 24 y USD 19 de cada USD 1000 producidos por el sector lácteo (ver cuadro 6).

La composición de la producción del cuadro 6 sugiere, para Sonora, que en 2005, por cada dólar de valor producido por el Sistema Campesino productor de leche, el empresariado lechero generaba 6.96 dólares, y de ahí disminuyó el empresariado a solamente 4.67 dólares producidos de valor por cada dólar producido por el campesinado lechero, y visto a nivel de todo México, se observa que la composición fue de 6.73 y 10.38 dólares de origen empresarial por cada dólar de origen lácteo-campesino (ver cuadro 6).

De acuerdo con los cuadros 1 y 2, es de observarse que cada uno de los cuatros sistemas productores de leche bovina en México (Sistemas: Familiar "SBF", Doble propósito "SBDP", Semi-Especializado "SBSE" y Especializado "SBE"), es fácil inferior que la cantidad de mano de obra en cada uno difiere, de manera tal que el SF es quien más mano de obra utiliza, pues no tiene o bien es limitado su acceso a la tecnología, además que, el objetivo de su producción estaría más ligado a utilizar la fuerza de trabajo familiar y no la asalariada, y encontrándose al extremo opuesto se encontraría el Sistema Especializado, donde por la naturaleza de su objetivo, la maximización de la ganancia, acceso prácticamente ilimitado a la tecnología y un inexistente compromiso con la mano de obra, salvo el de carácter estrictamente legal, haría por tanto, que en el SF se tenga una proporción de "pocas" vacas (o cabras) en explotación por trabajador, no así en el SE, donde se tendría una proporción de "muchas" vacas en explotación por trabajador. Con base en lo anterior, es fácil entender que los especialistas en bovinos lecheros[39] señalen que en los sistemas productores de leche bovina sean válidas las siguientes proporciones de vacas por trabajador en los sistemas Familiar, Doble propósito, Semi-Especiliazado y Especializado: 15, 25, 60 y 100 o más vacas por trabajador respectivamente.

No obstante, debe quedar claro que si bien los índices señalados son indicativos generales, es decir, que aún dentro de cada sistema productor, por ejemplo el Sistema Especializado, habrá proporciones mayores o

---

[39] En consulta directa con Mario Carrasco Holguín, Ingeniero Agrónomo Zootecnista, M. C. en Producción Animal, Profesor-Investigador de la Cátedra de Bovinos de Leche en la Universidad Autónoma Chapingo y Gerente General de la empresa dedicada a la asesoría en producción bovina de leche "INNOVALECHERA", proporcionó tales datos, aunque, debe señalarse que los acotó a La Comarca Lagunera, principal cuenca lechera en México, que no necesariamente coincidiría en las restantes cuencas lecheras, donde el grado de tecnificación en la producción de leche bovina es menor que en La Comarca Lagunera.

menores al promedio señalado de 100 vacas por trabajador, ya que existen ranchos ganaderos sumamente tecnificados donde fácilmente la proporción rondaría hasta las 200 vacas o más por trabajador, son a fin de cuentas eso, indicadores promedio, por tanto, útiles a la hora de estimar cuanto empleo genera cada sistema productor.

Cuadro 7. Empleo generado en los sistemas campesino y empresarial de leche bovina y caprina en Sonora y México 2005 – 2013

Nivel de agregación	Sistema	2005	2013	Incremento	TAC
Sonora	SBF	1,237	1,256	1.5%	0.2
	SBDP	99	91		
	Caprino (UA)	sin datos	sin datos		
	Campesino	**1,336**	**1,347**	**0.8%**	**0.1**
	SBSE	617	164		
	SBE	97	91	-5.8%	-0.7
	Empresarial	**714**	**255**	**-64.3%**	**-10.8**
	C + Emp	**2,051**	**1,602**	**-21.9%**	**-2.7**
	Emp/Camp	0.53	0.19		
	Sonora/México	7.5%	8.0%		
México	SBF	5,914	3,742	-36.7%	-5.0
	SBDP	11,941	6,842	-42.7%	-6.0
	Caprino (UA)	sin datos	sin datos		
	Campesino	**17,855**	**10,584**	**-40.7%**	**-5.6**
	SBSE	3,534	4,944	39.9%	3.8
	SBE	6,076	4,546	-25.2%	-3.2
	Empresarial	**9,611**	**9,491**	**-1.2%**	**-0.1**
	C + Emp	**27,465**	**20,074**	**-26.9%**	**-3.4**
	Emp/Camp	0.54	0.90		

Fuente: Elaboración propia con base en cifras del SIAP (2018). Significado de abreviaturas: S = Sistema productor. B = Leche bovina. F = Familiar. DP = Doble propósito. SE = Semi-especializado. E = Especializado. C = Sistema campesino. Emp = Empresarial. La composición expresa la proporción de empleos generados en el Sistema Empresarial entre el Sistema Campesino. Se consideraron las siguientes proporciones de número de animales por trabajador (información proporcionada por el M. C. Mario Carrasco Holguín, Profesor-Investigador en la cátedra de Bovinos de leche de la Universidad Autónoma Chapingo; y Gerente General de la empresa INNOVALECHERA, email: innovalechera@yahoo.com.mx): 15 vacas/trabajador en SF, 25 vacas/trabajador en SDP, 60 vacas/trabajador en SSE y 100 vacas/trabajador en SE.

Partiendo de lo general a lo específico, el cuadro 7 muestra que a nivel nacional, la producción de leche disminuyó el empleo directo en un 26.9%, toda vez que en el año inicial del estudio generó 27,465 empleos directos, y ya en 2013 el empleo disminuyó a 20,074 empleos, lapso en el que el sector lácteo de Sonora también disminuyó el empleo sectorial, en 21.9%, al descender de 2,051 a 1,602 personas empleadas de manera directa en el hato lechero. Lo anterior tuvo causas diferentes en Sonora y en México, ya que en Sonora el creciente desempleo señalado se debió a la caída del empleo en el Sistema Empresarial, donde el empleo disminuyó 64.3% (equivalente a 459 empleos menos), y aunque en el Sistema Campesino el empleo aumentó 0.8% (equivalente a 11 empleos más) no bastó para contrarrestar el efecto generado en el Sistema Empresarial, no así a nivel nacional, donde se perdieron 7,391 empleos (el empleo cayó 26.9%), a nivel nacional ese creciente desempleo fue debido a que en el Sistema Empresarial se perdieron 120 empleos (el empleo cayó 26.9%) a la par que el Sistema Campesino sumó también una pérdida de 7,271 empleos (el empleo cayó 40.7%), es decir, fue principalmente el Sistema Campesino quien originó el desempleo a nivel nacional, a diferencia de Sonora, donde ese sistema creo oportunidad de empleo, mínima es cierto, pero empleo a fin de cuentas.

La causa de lo anterior es el diferente peso relativo de cada uno de los dos sistemas productores de leche dentro de la economía lechera general en cada nivel de agregación, ya que en el caso del Sistema Campesino, con una proporción de 15 vacas por trabajador genera 570% más empleo (100 vacas por trabajador en el Sistema Empresarial/ 15 vacas por trabajador en el Sistema Campesino = 6.7) que el empleo generado en el Sistema Empresarial donde el mismo trabajador atiende a 100 vacas por lo menos, es decir, la misma cantidad de vacas que en el Sistema Empresarial producen empleo para una persona, en el Sistema Campesino generan 6.7 veces esa cantidad de empleo, y como en Sonora el tamaño del hato campesino es poco más de la quinta parte del hato total (21%) y en México el hato campesino es apenas el 9.2%, entonces, si al correr del tiempo aumentó al menos en *términos relativos* el hato campesino en Sonora (recuérdese que la composición del hato, señalada en el cuadro 4, señaló que el hato campesino desplazó al hato empresarial), necesariamente trajo consigo que el empleo no cayese tan drásticamente como a nivel nacional, donde el sistema campesino generador de empleo fue desplazado por el Sistema Empresarial que genera menos empleo.

El Anexo 1 muestra que la productividad física del hato sonorense productor de leche incrementó en el lapso analizado un 53.1% su rendimiento físico, ya que tras producir 1,670 litros de leche por animal por año en 2005, éste rendimiento se elevó a 2,556 L Animal^{-1} año^{-1} en 2013, mientras que en el mismo período, a nivel nacional, el rendimiento físico aumentó también, en un 45.1%, de 3,855 a 5,595 L Animal^{-1} año^{-1}.

Al desagregar el rendimiento físico señalado en el párrafo anterior, en cada uno de los dos sistemas productores de leche, se encontró, para Sonora, que si bien en ambos sistemas el rendimiento físico se incrementó, no lo hizo en igual proporción, ya que en el Sistema Campesino el animal promedio elevó en el período un 31.8% su rendimiento físico al hacerlo crecer desde 740 hasta 976 L Animal^{-1} año^{-1}, no así el Sistema Empresarial, donde el promedio señala que el rendimiento físico se duplicó, de 2,145 a 4,497 L Animal^{-1} año^{-1}. A su vez, es necesario se observe en la fuente señalada, que en el caso del Sistema Campesino dos de sus tres sistemas productores de leche, los de leche bovina Familiar y la de Doble propósito, incrementaron su productividad, más no así el tercero de los sistemas campesinos, el Sistema Caprino, donde la cabra promedio vio reducirse un 21.8% (de 448 a 350 L Animal^{-1} año^{-1}) su volumen de leche producida anualmente en el lapso, mientras que en el Sistema Empresarial sonorense, el alza en el rendimiento general se debió al sistema Semi-especializado y no al Sistema Especializado, ya que el primero de ellos pasó de 858 a 2,573 L

Animal^{-1} año^{-1}, a la vez que en el segundo se redujo de 7,055 a 6,567 L Animal^{-1} año^{-1}.

Los indicadores de 2.90 y 4.61 del Anexo 1 señalan que, en cuanto a rendimiento físico por animal por año se refiere, el animal promedio del Sistema Empresarial produjo 4.61 veces más leche en un año que el animal promedio del Sistema Campesino (considerando la cifra de 2013), un poco diferente a la correspondiente cifra a nivel nacional, donde los índices para 2005 y 2013 fueron 3.89 y 3.53, es decir, que el bovino nacional promedio productor de leche del Sistema Empresarial produjo, en 2013, 3.53 veces más leche en un año, que el del Sistema Campesino.

Debe remarcarse que el rendimiento físico del bovino sonorense productor de leche, tiene un índice de productividad física menos a a mitad del bovino promedio nacional, específicamente para 2013, se determinó que el bovino promedio de Sonora produjo apenas el 45.7% del volumen físico anual de leche producido por el bovino lechero promedio nacional, se remarca así lo ya señalado, que Sonora no es un estado lechero, es más bien productor de carne, por ello que tiene un bajo índice de productividad física el hato lechero local en relación al promedio nacional.

Los precios por litro de leche, de las diferentes leches producidas en cada uno de los cuatro sistemas productores de SIAP, así como para los sistemas Campesino y Empresarial, valorados a precios productor-a pie de finca-precios de mercado-en USD constantes de 2018, aparece señalada en el Anexo 2, de ahí puede observarse, para Sonora en su conjunto, que el precio promedio de la leche fue decreciente (cayó 34.5% en el período), ya que en 2005 el litro de leche promedio tuvo un precio de USD 0.450 L^{-1}, y ya en 2013 fue igual a USD 0.295 L^{-1}; a nivel nacional se observó similar tendencia decreciente en los precios, ya que decreció 28.1% al ir de USD 0.421 a USD 0.302 L^{-1}.

Desagregando las cifras del párrafo anterior en cada uno de sus sistemas productores de leche, se determinó que en el caso del estado de Sonora en ambos sistemas, el Campesino y el Empresarial, se tuvieron precios decrecientes en la leche, de -34.3 y -33.6% respectivamente, al evolucionar de USD 0.376 a USD 0.247 L^{-1} en el caso del precio de la leche de origen campesino, y de USD 0.463 a USD $0.307L^{-1}$ para la leche de origen industrial-empresarial. A nivel nacional, en el Sistema Campesino, se encontró que el precio de la leche cayó 32.3% (de USD 0.423 a USD 0.286 L^{-1}), observándose que en cada uno de sus tres sistemas productores de leche, el Familiar, el de Doble propósito y el Caprino, el precio de la leche se redujo entre el 16.2 (en el Sistema Caprino) y el 36% (en el Sistema Familiar), y del 29.1% menos en el Sistema Semi-especializado y 35.5% en el Sistema Especializado en el caso de los sistemas componentes del Sistema Empresarial productor de leche. Tambien a nivel nacional se observó que el precio de la leche descendió en todos y cada uno de los sistemas productores de leche (ver Anexo 2).

5.2. Huellas hídricas física, económica y social de la producción láctea bovina y su productividad marginal.

Mekonnen y Hoekstra (2012 *Op. Cit.*) reportan la huella hídrica total de leche bovina (no reportan la de la leche caprina), medida bajo las unidades de m^3/ ton (m^3 de agua usada en la producción por cada tonelada de leche producida), la reportan no solamente a nivel del promedio mundial, sino desagregada para algunos de los países como China, India, Estados Unidos, los tres más poblados del planeta, así como para Holanda. La huella hídrica de la leche bovina promedio mundial de los autores indicados es señalada en el cuadro 8 a continuación, misma que nosotros convertimos a m^3 de agua usada en la producción de un litro de leche.

Cuadro 8. Huella hídrica física total de la leche bovina promedio mundial

Cuadro 8: Huella hídrica física total de la leche bovina promedio mundial		
Sistema de producción	m^3 /ton de leche	m^3 /litro de leche
Pastoreo	1191	1.231
Mezclado	956	0.989

Fuente: Elaboración propia, con base en la huella hídrica total expresada en m^3/ton, que proviene de Mekonnen y Hoekstra (2012), ver su tabla 1 pagina 406, con ella se obtuvo la huella hídrica expresada en m^3/litro de leche, considerando una equivalencia de 1.034 kg por litro de leche.

El cuadro 8 muestra que producir una tonelada de leche demanda, a nivel promedio para el orbe, un total de 1,020 m^3 de agua, equivalente a 1,055 m^3 de agua por litro de leche, no obstante, al desagregar la huella hídrica total con base en los diferentes sistemas productores de leche, se observa que la leche producida por bovinos en el sistema de pastoreo requiere de 1,191 m^3 de agua/ton de leche (equivalente a 1,231 m^3 de agua/litro de leche), 956 m^3 de agua/ton de leche (equivalente a 989 m^3 de agua/litro de leche) en el caso de la leche producida en el sistema mezclado, es decir, que a la vez que el ganado estabulado propio del sistema industrial es alimentado también mediante pastoreo, y finalmente, en el caso del sistema industrial la huella hídrica es de 1,207 m^3 de agua/ton de leche (equivalente a 1,248 m/litro de leche).

Para China, India, Estados Unidos de América y Holanda, Mekkonen y Hoekstra (2012 *Op. Cit.*)[40] reportan las siguientes huella hídricas: 1 282, 1 078, 528 y 796 m^3 de agua usada en la producción por tonelada de leche producida para China, India, Holanda y USA respectivamente (equivalentes respectivamente a 1.326, 1.115, 0.546 y 0.823 m^3 de agua por litro de leche), en Uganda, la fuente señala que se demandan 5,622 L por litro de leche.

---

[40] Mekonnen y Hoekstra (2012 *Op. Cit.*)

Por las características señaladas en el cuadro 1, donde el SIAP caracteriza a cada uno de los cuatro sistemas productores de leche en México, es fácil observar que tanto el Sistema Familiar como el Sistema Doble Propósito, se ajustan al sistema de pastoreo señalado por Mekonnen y Hoekstra (2012), asimismo, lo que en el cuadro 8 aparece como el sistema industrial productor de leche de Mekonnen y Hoekstra (2012) es el equivalente del Sistema Empresarial, asimismo, el sistema mezclado del cuadro 8 tiene su equivalente en el sistema Semi-Especializado del cuadro 1, lo anterior más que nada se soporta en lo referente a la alimentación del ganado bovino, así como a su manejo y todas las demás características señaladas por el SIAP. Lo anterior deviene en la base que permite considerar las Huellas hídricas Físicas reportadas por Mekonnen y Hoekstra (2012) como base del cálculo de la huella hídrica física global reportada en el cuadro 9 para cada uno de los cuatro sistemas productores de leche en México, mismos que se agregaron en solamente dos sistemas productores: el Sistema Campesino productor de leche, que aglutina a los sistemas Familiar y Doble propósito, y el Sistema Empresarial productor de leche, que agrupa a los Sistemas Semi-especializado y Especializado.

Señalado lo anterior, es más fácil entender el significado del cuadro 9: que muestra la demanda hídrica total de agua en cada uno de los sistemas productores de leche en México, demanda hídrica a la que se denominó Huella hídrica física global "HHFG", es decir, a la cantidad de hm^3 de agua que se usaron en la producción física señalada en el cuadro 5 analizado en el epígrafe anterior.

Así, se observa en el cuadro 9, que a nivel del estado de Sonora, en 2005, producir los 118,005.4 miles de litros de leche, requirió el uso de 137.13 hm^3 de agua (recuérdese que un millón de m^3 equivale a 1 hm^3), volúmenes de agua y producción que al ser desagregado en sus dos sistemas productores, el Campesino y el Empresarial, se obtuvo que en el primero se usaron 20.23 hm^3 de agua para producir las 17,724.2 miles de tonelada de leche, mientras que en el Sistema Empresarial la huella hídrica física global de los 100,281.8 miles de litros de leche producidos, fue igual a 116.90 hm^3 de agua; ya en 2013, se observó que al elevarse 28.3% la producción de leche en el Sistema Campesino, hasta situarse en las 22,748.2 miles de litros de leche, implicó que el agua necesaria en esa producción, aumentase 33.8%, hasta 27.06 hm^3, mientras que el descenso del 14.9% en la producción anual de leche del Sistema Empresarial, hasta ubicarse en 85,337.2 miles de litros, implicó que la HHFG bajase casi en la misma proporción que el descenso de la producción: 14.5%, que en términos absolutos fue del orden de 99.94 hm^3 de agua; la HHFG de la producción láctea estatal en 2013, a nivel del estado de Sonora, fue de 127 hm^3 (ver cuadros 5 y 9).

El cuadro 9 muestra que la huella hídrica física de un litro de leche, en el estado de Sonora, fue de 1.162 y 1.175 m^3 / litro de leche respectivamente para 2005 y 2013, mostrando un ligero incremento del 1.1%, mientras que la huella hídrica física de un litro de leche producido en condiciones promedio para todo el país, evolucionó de 1.184 a 1.162 m^3 / litro de leche, mostrando una ligera disminución de 1.9%, observándose tendencias diferentes a lo largo del tiempo para las Huellas hídricas físicas de un litro de leche en Sonora (hubo incremento) y México (disminuyó).

El cuadro 9 señala también que en términos relativos, la huella hídrica física de un litro de leche se incrementó, pues en 2005 ésta era igual a solamente el 981% de la huella hídrica física de un litro de leche promedio nacional, pero ya en 2013 estuvo 1.1% arriba de la promedio nacional.

Cuadro 9. Huella hídrica global ("HHFG" en hm^3 de agua usada en la producción) y Huella hídrica física de un litro de leche ("HHFL" en m^3 de agua usada en la producción de un litro de leche) de la producción lácteo bovina por sistemas productores de leche en Sonora, México, con base en la huella hídrica total promedio mundial reportada por Mekonnen y Hoekstra (2012)

Nivel de agregación	Sistema	2005	2013	Incremento	TAC
	HHFG-SBF	15.67	21.18	35.2%	3.4
	HHFG-SBDP	4.56	5.88	29.0%	2.9
	HHFG-Caprino (UA)	sin datos	sin datos		
	HHFG-S. Campesino	**20.23**	**27.06**	**33.8%**	**3.3**
Sonora	HHFG-SBSE	31.43	25.02	-20.4%	-2.5
	HHFG-SBE	85.48	74.92	-12.4%	-1.5
	HHFG-S. Empresarial	**116.90**	**99.94**	**-14.5%**	**-1.7**
	HHFG (C + Emp)	**137.13**	**127.00**	**-7.4%**	**-0.8**
	HHFL$_{eficiencia}$ (m^3/litro de leche)	**1.162**	**1.175**	**1.1%**	**0.1**
	HHFL$_{productividad}$ (litros de leche/m^3 de agua)	**0.861**	**0.851**	**-1.1%**	**-0.1**
	HHFL Sonora/HHFL México	0.981	1.011		
	SBF	223.96	214.92	-4.0%	-0.5
	SBDP	432.56	332.72	-23.1%	-2.9
	Caprino (UA)				
	Campesino	**656.52**	**547.64**	**-16.6%**	**-2.0**
México	SBSE	675.90	1,440.56	113.1%	8.8
	SBE	4,555.66	4,660.52	2.3%	0.3
	Empresarial	**5,231.55**	**6,101.08**	**16.6%**	**1.7**
	C + Emp	**5,888.07**	**6,648.71**	**12.9%**	**1.4**
	HHFL$_{eficiencia}$ (m^3/litro de leche)	**1.184**	**1.162**	**-1.9%**	**-0.2**
	HHFL$_{productividad}$ (litros de leche/m^3 de agua)	0.845	0.861	1.9%	0.2

Fuente: Elaboración propia, con base en cifras de los cuadros 4 y 7.

Debe observarse que tanto el estado de Sonora, como a nivel de todo México, la huella hídrica de un litro de leche, de 1.175 m^3 / litro en Sonora y de 1.162 m^3 / litro a nivel de todo México (en 2013) difieren de la huella hídrica de 1,055 m^3 / litro de leche (equivalente a los 1,020 m^3 / ton de leche) reportados en el cuadro 9, en ambos casos se encuentran 11.4% y 10.2% respectivamente, arriba de la reportada por Mekonnen y Hoekstra (2012 *Op. Cit.*) señalada en el cuadro 8, ello obedece a que cada país, cada sistema producter, poseen, en sentido estricto, su propia huella hídrica, que si bien es diferente en cada caso, rondará siempre o arriba o abajo de ese promedio, lo extraño hubiera sido que resultasen idénticas.

La huella hídrica física global a nivel de todo México, de los 5,722,004.7 miles de litros de leche producidos en 2013, fue igual a 6,648.71 hm^3 de agua consumidos en su producción, encontrándose que al elevarse 15.1% entre 2005 y 2013 la producción nacional de leche, trajo consigo un alza de 12.9% en la huella hídrica física global, ubicando a la huella hídrica física de un litro de leche, como ya se señaló renglones arriba, disminuyese de 1.184 a 1.162 m^3 de agua por litro de leche (ver cuadros 5 y 9).

Debe observarse que a nivel de México en su conjunto, la huella hídrica global, si bien aumentó 12.9% (de 5,888.07 a 6,648.71 hm^3 de agua), al desagregarle en sus dos sistemas productores, se encontró que mientras que en el Sistema Campesino productor de leche la huella hídrica física global disminuyó 16.6% (de 656.52 a 547.64 hm^3 de agua), aumentó el mismo porcentaje, 16.6% la huella hídrica física global en el Sistema Empresarial (de 5,231.55 a 6,101.08 hm^3 de agua) (véase cuadro 9).

A nivel de todo México, la demanda empresarial de agua para llevar a cabo su producción de láctea-bovina, es 11 veces superior (11.14 =6,101.08/547.64) a la demanda de agua del Sistema Campesino productor de leche, mientras que a nivel del estado de Sonora el Sistema Empresarial demanda solamente 3.7 veces (3.7 =99.94/27.06) el agua que demanda el Sistema campesino productor de leche, ello es debido a que en Sonora la producción de leche bovina está en manos del sistema campesino eminentemente, el sistema empresarial no tiene en Sonora un peso relativo grande, debido a que el estado de Sonora, desde siempre, ha estado más bien dedicado a la producción de carne, que no de leche (ver cuadro 9).

De manera general, como función continua, la productividad física marginal del agua "PMgF" equivale a la derivada de la producción física "Q" respecto del volumen de agua usado en la producción, al cual se ha denominado huella hídrica física global "HHFG", es decir:

$$PMgF = \frac{dQ}{d\,_{HHFG}}$$

No obstante, en tanto no se cuenta con el modelo matemático para la función continua:

$$Q = f(HHFG)$$

La PMgF debe ser analizada como función discreta, transformándose:

$$PMgF = \frac{dQ}{d\,_{HHFG}}$$

En:

$$PMgF = \frac{\Delta Q}{\Delta HHFG}$$

Es decir, la PMgF será el indicador proveniente de la operación del cociente del incremento acontecido en la producción física anual "Q" en el lapso analizado, dividido entre el incremento en la HHFG, esto es el incremento en el volumen de agua usado en la producción necesaria para producir Q, por lo que, al operarse la ecuación para los datos discretos señalados en el cuadro 5, se determinó que:

$$PMgF = \frac{\Delta Q}{\Delta HHFG} = \frac{-9{,}920}{-10.13} = 979.1$$

El indicador de la PMgF = 979.1, valorado en términos absolutos, sugiere que en el lapso analizado, por cada hm^3 en que **disminuía** el consumo de agua en la producción lechera en el estado de Sonora, la producción física anual "Q" *disminuía* a razón de 979.1 miles de litros de leche, y vista la PMgF en términos porcentuales, se determinó que:

$$PMgF = \frac{\Delta Q}{\Delta HHFG} = \frac{-8.4\%}{-7.4\%} = 1.1$$

Así, el indicador porcentual señala que por cada 1% en que iba disminuyendo el consumo de agua usada en la producción lechera, en el lapso analizado, la producción física anual "Q" iba disminuyendo a razón de 1.1 unidades porcentuales. Lo anterior indica que en el lapso analizado, la productividad física del agua usada en la producción lechera del estado de Sonora, fue decreciente.

La huella hídrica económica (HHE) evaluada mediante un índice de productividad, en el que se dividió el valor de la producción en términos brutos (VBP)[41] señalado en el cuadro 6, entre la huella hídrica física global[42] (señalada en el cuadro 9), fue medida bajo las unidades de USD de ingreso/m^3 de agua usada en la producción, aparece descrita en el cuadro 10.

A nivel de agregación del estado de Sonora, la HHE mostrada en el cuadro 10, se insiste, en USD de ingreso, fue del orden de USD 0.39/m^3 en 2005, pero disminuyó 35.2% hasta situarse en USD 0.25 en 2013, observándose que tal descenso se debió a que tanto en el Sistema Campesino como en el Sistema Empresarial, la huella hídrica de la leche descendió, en el primer caso al ir de USD 0.33 a USD 0.21/m^3

---

[41] Recuérdese que en términos matemáticos, el VBP lácteo es la sumatoria del valor producido por cada uno de los sistemas productores de leche, es decir: $VBP = \sum_{i=1}^{n} VBF_i = \sum_{i=1}^{n} N_i R_i P_i$, donde "N" es el número de animales en explotación, "R" es el rendimiento físico por animal (en kg o litros de leche por vaca o cabra por año) y "P" es el precio real de la leche (en MX$ o USD constantes de un determinado período base).

[42] Recuérdese que la Huella hídrica Física Global "HHFG" es el producto de la producción física anual "Q" por la huella hídrica física "HHF" de un litro de leche de un sistema específico de producción, señalada en el cuadro 8 y medida en m^3/litro de leche, es decir: $HHFG = \sum_{i=1}^{n} (Q_i * HHF_i) = \Sigma [(N_i R_i) * HHF_i]$

respectivamente, manifestó un descenso de 37% en el período analizado, mientras que en el Sistema Empresarial productor de leche bovina la HHE declinó de USD 0.40 a USD 0.26 (33.9% menos) (Ver cuadro 10).

Vista ahora la HHE a un nivel de agregación general, para todo el país, se encontró que en México la HHE, al igual que en el estado de Sonora, disminuyó en el lapso analizado, pero en menor medida, pues a nivel nacional el descenso de la HHE fue del orden de un 26.8%, ya que en 2005 la HHE promedio nacional fue igual a USD $0.36/m^3$, pero ya en 2013 ésta descendió hasta USD $0.26/m^3$ (ver cuadro 10).

Cuadro 10. Huella hídrica económica, en USD de ingreso/m^3 de agua usada en la producción lácteo bovina por sistemas productores de leche en Sonora, México

Nivel de agregación	Sistema:		2005		2013	Incremento	TAC
	BF		0.311		0.20	-36.0%	-4.8
	SBDP		0.32		0.21	-33.7%	-4.5
	Caprino (UA)		sin datos		sin datos		
	HHE S. Campesino		**0.33**		**0.21**	**-37.0%**	**-5.0**
Sonora	SBSE		0.36		0.26	-29.1%	-3.8
	SBE		0.41		0.26	-35.5%	-4.8
	HHE S. Empresarial		**0.40**		**0.26**	**-33.9%**	**-4.5**
	HHE$_{productividad}$ (USD de ingreso/m^3 de agua)	$	**0.39**	$	**0.25**	**-35.2%**	**-4.7**
	HHE$_{eficiencia}$ (m^3/1 USD de ingreso)		**2.581**		**3.986**	**54.4%**	**4.9**
	HHE $_{productividad}$: Sonora/México		1.09		0.96		
	SBF		0.34		0.22	-34.0%	-4.0
	SBDP		0.36		0.25	-30.2%	-3.9
	Caprino (UA)						
	Campesino		**0.41**		**0.28**	**-32.6%**	**-4.3**
México	SBSE		0.37		0.28	-24.8%	-3.1
	SBE		0.34		0.25	-26.9%	-3.4
	Empresarial		**0.35**		**0.26**	**-25.7%**	**-3.3**
	HHFL$_{productividad}$ (USD de ingreso/m^3 de agua)	$	**0.36**	$	**0.26**	**-26.8%**	**-3.4**
	HHFL$_{eficiencia}$ (m^3/1 USD de ingreso)		**2.815**		**3.845**	**36.6%**	**3.5**

Fuente: Elaboración propia, con base en cifras de SIAP y el cuadro 3.

Desagregada la HHE promedio nacional, mostró que a nivel del Sistema Campesino productor de leche bovina se tuvo una HHE igual a USD 0.41 en 2005, pero, lo mismo que la HHE del Sistema Campesino de Sonora, disminuyó, 32.6% (contra 37% en que disminuyó la HHE del Sistema Campesino de Sonora), asimismo, igual que lo encontrado a nivel de Sonora para el Sistema Empresarial, también a nivel nacional la HHE disminuyó, aunque en menor porcentaje que en Sonora: 25.7% versus 33.9%; en términos absolutos en este Sistema , el empresarial, la HHE fue muy semejante a nivel tanto de Sonora (de USD 0.40 cayó a USD 0.26) como a nivel nacional (de USD 0.35 cayó a USD 0.26; ver cuadro 10).

La inversa de la HHE reportada en el cuadro 10 es en sentido estricto la HHE señalada en la segunda hipótesis, ya que, para Mekonnen y Hoekstra (2012 *Op. Cit.*), la HH debe medirse como un índice de *eficiencia* en el uso del agua, es decir, un índice en el que se señala la cantidad de agua (m^3) usada en la producción que fue necesaria para producir un USD de ingreso, y el cuadro 10 le evalúa como un índice de productividad del agua usada en la producción, como USD de ingreso por m^3, por lo que, al operar la inversa de las HHE de Sonora en 2005 y 2013 se obtiene que la HHE fue igual a 2.58 (= 1 / 0.39) y 3.99 (=1 / 0.25) m^3 por cada USD de ingreso producido, mientras que a nivel de todo México, la HHE como índice de eficiencia del agua, fue igual a 2.82 y 3.84 m^3 por cada USD de ingreso producido, observándose que en 2005, la HHE fue inferior en Sonora, pero fue lo contrario en 2013, es decir, ya en 2013, la cantidad de m^3 de agua usados en la producción necesarios para producir un USD de ingreso, en Sonora se demandó más agua que a nivel nacional.

Debe observarse en el cuadro 10, que en 2005 la HHE (vista como índice de productividad del agua) de Sonora fue 9% superior (el indicador fue 1.09) a la promedio nacional, pero ya en 2013 perdió terreno, pues con un índice de 0.96 sugiere que se ubicó 4 unidades porcentuales bajo del promedio nacional, señalando ello que el uso económico del agua en la producción de leche, se tornó, en Sonora, más improductivo, tanto en términos absolutos como relativos, ¿a qué se debió esto?, la respuesta a la interrogante presupone el análisis de cada una de las variables independientes del modelo matemático que determinan a la variable dependiente HHE, la variable HHE es dependiente, inicialmente, depende de dos variables independientes: el VBP (valor Bruto de la Producción) del sector lácteo y V (el volumen de agua usado en la producción para poder lograr el VBP), pero a su vez el VBP depende de tres variables independientes: el número "N" de animales, los rendimientos físicos "R" de los animales en explotación y el precio "P" al que fue vendida la leche, y por su parte, el volumen "V" de agua que se usó en la producción:

$$HHE = \frac{VBP}{V} = \frac{\sum_{i=1}^{n} N_i \, R_i \, P_i}{\sum_{i=1}^{n} \left[(N_i R_i) * HHF_i \right]_i}$$

La señalada improductividad económica del uso del agua en la producción láctea de Sonora a lo largo del lapso analizado, vista al través de la HHE, obedeció que el numerador -el VBP- de la ecuación de la HHE se redujo en un 40% (de USD 53.12 a USD 31.86, en millones, ver cuadro 10) al mismo tiempo que el denominador -el volumen "V" de agua usada en la producción- disminuía también, pero "V" disminuyó en un menor porcentaje: cayó 7.4% (de 137.13 a 127.0 hm^3) ver cuadro 9), en tanto la HHE es un cociente, sí el numerador aumenta a la vez que el denominador disminuye, necesariamente el resultado solo puede ser uno: que la cantidad de producto logrado (el VBP) por unidad del recurso usado (el agua) sea menor, es decir, se torne improductivo el uso del agua, así se puede ya entender porque la HHE de un litro de leche cayó de USD 0.39/m^3 en 2005, a USD 0.25/ m^3 en 2013 (ver cuadro 10).

Obligadamente, en la profundización de las causas de la tendencia decreciente en la productividad económica del agua, debe ahora analizarse cada una de las variables de las que dependen el VBP y V. El VBP es una variable dependiente de tres variables: N, R y P. y de acuerdo al cuadro 4, el número "N" de animales en el estado de Sonora disminuyó 40.2% en el lapso (también se observó descenso del tamaño del hato en ambos sistemas, el campesino y el empresarial, ver cuadro 4), asimismo hubo disminución de un 34.5% en el precio promedio de la leche (cayó 34.3% en el Sistema Campesino y 33.6% en el Sistema Empresarial, ver Anexo 2 sobre la evolución de los precios reales de las leches de cada sistema productor), así que, si dos de las tres variables de las que depende el VBP, disminuyeron, para que éste hubiese crecido, necesariamente, la tercera variable de la que depende, los rendimientos físicos "R" del hato deberían haber crecido de tal manera que contrarrestaran el mal efecto de las caídas del tamaño del hato y de los precios de las leches, y en efecto, el Anexo 1, sobre los rendimientos físicos del hato, muestra que el rendimiento físico (en litros de leche por animal por año) crecieron notoriamente: 53.1% a nivel de todo el estado, 31.8% a nivel del Sistema Campesino y 109.6% en el Sistema Empresarial, no obstante, tal beneficio hecho, no alcanzó a contrarrestar el efecto de la caída del tamaño del hato y de los precios, trayendo consigo, el descenso en el VBP ya señalado del orden de 40% (ver cuadro 6).

El segundo factor del que dependió la tendencia decreciente de la HHE, fue el denominador, es decir, el volumen "V" de agua que se usó para poder lograr el VBP producido, recuérdese que "V" es la Huella hídrica física global "HHFG" señalada en el cuadro 9, y la pregunta obligada es ahora ¿Por qué "V" disminuyó en 7.4%?, la respuesta la dan las dos variables de las que depende: la cantidad "Q" de leche producida (que a su vez es igual al producto de N por R:

$$HHFG = \sum_{i=1}^{n} (Q_i * HHF_i) = \sum \left[(N_i R_i) * HHF_i \right]$$

La producción "Q" de leche disminuyó 8.4% (de 118,005.4 a 108,085.4 miles de litros de leche) al mismo tiempo que la HHF no varió, fue la misma para cada uno de los sistemas productores de leche[43], por ello es que necesariamente la HHFG, es decir, el volumen de agua usado en la producción disminuyó solamente 7.4%.

De manera general, como función continua, la productividad económica marginal del agua "PMgE" equivale a la derivada del VBP respecto del volumen de agua usado en la producción, al cual se ha denominado huella hídrica física global "HHFG", es decir:

$$PMgE = \frac{dVBP}{d_{HHFG}}$$

No obstante, en tanto no se cuenta con el modelo matemático para la función continua:

$$VBP = f(HHFG)$$

La PMgE debe ser analizada como función discreta, transformándose:

$$PMgE = \frac{dVBP}{d_{HHFG}}$$

En:

$$PMgE = \frac{\Delta VBP}{\Delta HHFG}$$

Es decir, la PMgE será el indicador proveniente de la operación del cociente del incremento habido en el VBP generado en el lapso analizado,

---

[43] La huella hídrica no es un indicador inamovible, dado de una vez y para siempre, le afectan múltiples variables, el tiempo es una de ellas, por lo que en realidad, los indicadores de Mekonnen y Hoekstra (2012 *Op. Cit.*) para la huella hídrica son eso: simples indicadores que quien les use debe estar consciente de que no son constantes inamovibles, tan es así que, anticipándose, Mekonnen y Hoekstra (idem) señalan que….aquí va la cita acerca de que la HH varía…

dividido entre el incremento en la HHFG, esto es el incremento en el volumen de agua usado en la producción, por lo que, al operarse la ecuación para los datos discretos señalados en el cuadro 10, se determinó que:

$$PMgE = \frac{\Delta VBP}{\Delta HHFG} = \frac{-21.6}{-10.13} = 2.1$$

El indicador de la PMgE = 2.1, valorado en términos absolutos, sugiere que en el lapso analizado, por cada hm^3 en que **disminuía** el consumo de agua en la producción lechera en el estado de Sonora, el VBP lácteo estatal se **disminuía** en USD 2.1 millones, y vista la PMgE en términos porcentuales, se determinó que:

$$PMgE = \frac{\Delta E}{\Delta HHFG} = \frac{-40\%}{-7.4\%} = 5.42$$

Así, el indicador porcentual señala que por cada 1% en que iba disminuyendo el consumo de agua usada en la producción lechera, en el lapso analizado, el VBP iba disminuyendo a razón de 5.42 unidades porcentuales. Lo anterior refuerza lo ya señalado, acerca de que en el lapso analizado, la productividad económica del agua usada en la producción lechera del estado de Sonora, fue decreciente.

El cuadro 11 muestra la Huella hídrica social "HHS", misma que se mide mediante un indicador de productividad, pues se evalúa como empleos generados/hm^3 de agua usada en la producción. Esa fuente muestra que a nivel general, para todo el estado de Sonora, el uso del mismo volumen de agua, un hm^3 [44], a lo largo del lapso analizado, tuvo diferente productividad social, toda vez que en 2005 un millón de m^3 de agua usada en la producción láctea se asoció a la creación de 15.0 empleos, mientras que ya en 2013 el indicador fue 12.6 empleos hm^{-3}, es decir, el uso del agua dejó se reflejó en reducir 15.6% el empleo generado por hm^3, observándose que si bien tanto

---

[44] Recuérdese que un hm^3 equivale a un millón de m^3

en el Sistema Campesino como en el Sistema Empresarial también hubo un descenso en la HHS, la caída fue más notoria en el segundo sistema productor de leche, pues la leche empresarial vio reducir su HHS en un 58.2% (de 6.1 a 2.6 empleos hm^{-3}), mientras que la HHS de la producción campesina de leche se redujo en 24.7% (de 66.1 a 49.8 empleos hm^3) (ver cuadro 11).

Cuadro 11. Huella hídrica social ("HHS" en empleos generados/hm^3 de agua usada) en la producción lácteo bovina por sistemas de producción de leche en Sonora, México

Nivel de agregación	Sistema	2005	2013	Incremento	TAC
Sonora	SBF	79.0	59.3	-24.9%	-3.1
	SBDP	21.7	15.4	-29.0%	-3.7
	Caprino (UA)	sin datos	sin datos	sin datos	
	Campesino	**66.1**	**49.8**	**-24.7%**	**-3.1**
	SBSE	19.6	6.6	-66.6%	-11.5
	SBE	1.1	1.2	7.4%	0.8
	Empresarial ····productividad	**6.1**	**2.6**	**-58.2%**	**-9.2**
	(Empleos/hm^3 de agua)	**15.0**	**12.6**	**-15.6%**	**-1.9**
	HHS eficiencia (m^3 de agua/empleo) ····productividad ·	**66,875**	**79,258**	**18.5%**	**1.9**
	Sonora/México	3.21	4.18		
México	SBF	26.4	17.4	-34.1%	-4.5
	SBDP	27.6	20.6	-25.5%	-3.2
	Caprino (UA)	sin datos	sin datos	sin datos	
	Campesino	**27.2**	**19.3**	**-28.9%**	**-3.7**
	SBSE	5.2	3.4	-34.4%	-4.6
	SBE	1.3	1.0	-26.9%	-3.4
	Empresarial ····productividad	**1.8**	**1.6**	**-15.3%**	**-1.8**
	(Empleos/hm^3 de agua)	**4.7**	**3.0**	**-35.3%**	**-4.7**
	HHS eficiencia (m^3 de agua/empleo)	**214,383**	**331,202**	**54.5%**	**5.0**

Fuente: Elaboración propia, con base en cifras de los cuadros 5 y 8

Fuente: Elaboración propia, con base en cifras de los cuadros 5 y 8.

La inversa de la HHS reportada en el cuadro 11 y multiplicada por un millón, es en sentido estricto la HHS señalada en la tercera hipótesis, ya que, para Mekonnen y Hoekstra (2012), la Huella hídrica se mide siempre como un indice de *eficiencia* en el uso del agua, es decir, un índice en el que se señala la cantidad de agua (m^3) usada en la producción que fue necesaria para producir un empleo en este caso, y el cuadro 11 se la evalúa como un índice de productividad del agua usada en la producción, como empleos generados por cada hm^3 de agua usada en la producción, por lo que, al operar la inversa de las HHS de Sonora en 2005 y 2013 se obtiene que la

HHS es igual a 66,875 (= 1000000 / 15) y 79,258 (=1000000 / 12.6) m^3 de agua por cada empleo generado en la producción láctea en el estado, mientras que a nivel de todo México, la HHS como índice de eficiencia del agua, es igual a 214,283 y 331,202 m^3 por cada empleo generado en la producción láctea nacional, observándose que tanto en 2005 como en 2013, la HHS fue inferior en Sonora (31.2% la nacional en 2005 y 23.9% la nacional en 2013), cifras que señalan que la tercera hipótesis no puede ser aceptada como cierta, ya que lo sucedido fue lo contrario: que la huella hídrica social de la leche en Sonora fue, y con mucho, muy inferior a la huella hídrica social promedio nacional..

A nivel nacional, el cuadro 11 muestra que en México el mismo volumen de agua, un hm^3, que en Sonora produjo entre 12.6 y 15.0 empleos en el lapso analizado, produjo entre 3.0 y 4.7 empleos, lo que sugiere que en Sonora, el uso social del agua fue más productivo socialmente, pues produjo 3.21 y 4.18 veces (2005 y 2013 respectivamente) el empleo que ese volumen de agua generó a nivel nacional.

A nivel nacional, al igual que a nivel del estado de Sonora, la HHS se redujo en el período analizado, no solo a nivel general sino al nivel de cada sistema productor de leche: en el Sistema campesino la HHS disminuyó 28.2%, al ir desde 27.2 a 19.3 empleos hm^3, mientras que en el Sistema Empresarial la caída fue del orden de 15.3% (ver cuadro 11). Tal situación fue debida a la variación en la composición del hato, toda vez que en 2005 por cada vaca lechera del Sistema Campesino había 0.91 vacas del Sistema Empresarial, mientras que ya en 2013 el Sistema Campesino fue desplazado por el Sistema Empresarial, pues había una proporción de 1.49 vacas empresariales por cada vaca del Sistema Campesino (ver cuadro 4), y como en ambos sistemas se tienen diferentes proporciones de cantidad de vacas por trabajador, al darse un cambio en la proporción del tamaño de los hatos de cada sistema, causó la variación en la HHS.

De manera general, como función continua, la productividad social marginal del agua "PMgS" equivale a la derivada del empleo respecto del volumen de agua usado en la producción, al cual se ha denominado huella hídrica física global "HHFG", es decir:

$$PMgS = \frac{dE}{d\,_{HHFG}}$$

No obstante, en tanto no se cuenta con el modelo matemático para la función continua:

$$E = f(HHFG)$$

La PMgS debe ser analizada como función discreta, transformándose:

$$PMgS = \frac{dE}{d\,_{HHFG}}$$

En:

$$PMgS = \frac{\Delta E}{\Delta HHFG}$$

Es decir, la PMgS será el indicador proveniente de la operación del cociente del incremento habido en el empleo "E" generado en el lapso analizado dividido entre el incremento en la HHFG, esto es, por lo que, al operarse la ecuación para los datos discretos señalados en el cuadro 11, se determinó que:

$$PMgS = \frac{\Delta E}{\Delta HHFG} = \frac{-448.2}{-10.13} = 44.2$$

El indicador de la PMgS = 44.2, valorado en términos absolutos, sugiere que en el lapso analizado, por cada hm^3 en que *disminuía* el consumo de agua en la producción lechera, el empleo se *disminuía* en 44.2 empleos, y vista la PMgS en términos porcentuales, se determinó que:

$$PMgS = \frac{\Delta E}{\Delta_{HHFG}} = \frac{-21.9\%}{-7.4\%} = 2.96$$

Por cada 1% en que iba disminuyendo el consumo de agua usada en la producción lechera, en el lapso analizado, el empleo iba disminuyendo a razón de 2.96 empleos. Lo anterior refuerza lo ya señalado, acerca de que en el lapso analizado, la productividad social del agua usada en la producción lechera del estado de Sonora, fue decreciente.

VI. CONCLUSIONES Y RECOMENDACIONES

6.1. Conclusiones

Se cumplieron los dos objetivos, de determinar la huella hídrica de un litro de leche producido en el estado de Sonora, México en términos físicos (medida en m^3 de agua usada en la producción por litro de leche), económicos (USD de ingreso por m^3 de agua usada en la producción) y sociales (empleos generados por m^3 de agua usada en la producción) y se les contrastó en contra de las correspondientes huellas hídricas a nivel nacional, para todo México, asimismo, se logró determinar la productividad marginal del agua usada en la producción en términos físicos, económicos y sociales.

Se acepta la primera hipótesis, ya que, tal como el planteamiento hipotético lo asentaba, la Huella hídrica *física* de un litro de leche (en m^3 de agua usada en la producción por litro de leche) tanto en Sonora (con 1.162 y 1.175 m^3 Litro^{-1}) como a nivel de todo México (con (1.184 y 1.162 m^3 Litro^{-1}) fueron superiores al promedio mundial de huella hídrica física de a leche reportada por Mekonnen y Hoekstra (2012) de 1020 m^3 ton^{-1} (equivalente a 1.055 m^3 Litro^{-1}). No se compara en contra del promedio mundial de huella hídrica económica en tanto no existe tal referencia.

Se rechaza la segunda hipótesis, ya que si bien en 2005 la huella hídrica **económica** fue inferior a la promedio nacional, contrario a lo planteado en la hipótesis número dos (2.58 versus 2.82 m^3 de agua para generar cada USD de ingreso en Sonora y México respectivamente), ya en 2013 se invirtió lo anterior y la HHE fue superior en Sonora respecto de la nacional tal como la segunda hipótesis lo aseveraba: 3.99 versus 3.84 m^3 por cada USD de ingreso. No se compara en contra del promedio mundial de huella hídrica económica dado no existe tal referencia.

Se rechaza la tercera hipótesis, que presuponía que la Huella hídrica **Social** (HHS) era superior en Sonora en relación a la HHS nacional, pues se determinó que la HHS de Sonora (con 66,875 y 79,258 m^3 de agua usados en la producción para generar un empleo en 2005 y 2013 respectivamente) fue apenas el 31.2 y 23.9% de la HHS promedio nacional, que demandó en 2005 y 2013 un total de 214,383 y 331,202 m^3 de agua para así poder generar un empleo. No se compara en contra del promedio mundial de huella hídrica económica dado no existe tal referencia.

Se acepta la cuarta hipótesis, pues tal como este planteamiento hipotético lo consideraba, las productividades marginales del agua, tanto la física, como la económica como la social, fueron positivos pero decrecientes a lo largo del tiempo, es decir, en principio, debe señalarse que si bien la productividad marginal del agua fue positiva en términos físicos, económicos y sociales, ello provino de que los respectivos numeradores (el incremento en producción, o VBP o empleo generado respectivamente para la PMgF, PMgE y PMgS) y denominador (el incremento de la HHFG) del cociente que es la productividad marginal (vista como función discreta), fueron *negativos* (por ello su división dio signo positivo), pero fueron decrecientes a lo largo del tiempo.

6.2. Recomendaciones

La producción de leche bovina y caprina en México se lleva a cabo por varios estados, siendo La Laguna (región integrada por parte del estado de Durango y parte del estado de Coahuila), Jalisco y Chihuahua, las principales cuencas lecheras, por lo que es recomendable que este tipo de estudios sobre la huella hídrica física, económica y social, se realice para cada estado productor, o al menos, en las tres principales cuencas lecheras, para así tener indicadores que sugieran si en la producción de leche se está usando de manera productiva y eficiente el muy escaso recurso agua.

VII. ANEXOS

Anexo 1. Rendimiento físico anual (en litros de leche por animal por año) en la producción de leche por sistemas productores en Sonora y México 2005 – 2013

Nivel de agregación	Sistema	2005	2013	Incremento	TAC
	SBF	686	913	33.1%	3.2
	SBDP	1,494	2,105	40.9%	3.9
	Caprino	448	350	-21.8%	-2.7
	Campesino	**740**	**976**	**31.8%**	**3.1**
	SBSE	858	2,573	199.7%	13.0
Sonora	SBE	7,055	6,567	-6.9%	-0.8
	Empresarial	**2,145**	**4,497**	**109.6%**	**8.6**
	C + Emp	**1,670**	**2,556**	**53.1%**	**4.8**
	Empresarial/Campesino	2.90	4.61		
	Sonora/México	43.3%	45.7%		
	SBF	2,050	3,109	51.7%	4.7
	SBDP	1,177	1,580	34.2%	3.3
	Caprino	204	311	52.4%	4.8
	Campesino	**1,359**	**1,955**	**43.9%**	**4.1**
México	SBSE	3,224	4,912	52.4%	4.8
	SBE	6,007	8,214	36.7%	3.5
	Empresarial	**5,287**	**6,910**	**30.7%**	**3.0**
	C + Emp	**3,855**	**5,595**	**45.1%**	**4.2**
	Empresarial/Campesino	3.89	3.53		

Fuente: Elaboración propia con base en cifras de SIAP (2018). Significado de abreviaturas: S = Sistema productor. B = Leche bovina. F = Familiar. DP = Doble propósito. SE = Semi-especializado. E = Especializado. C = Sistema campesino. Emp = Empresarial.

Anexo 2. Precios reales de la leche (en USD constantes de 2018 por litro) producida en los diferentes sistemas productores de Sonora y México 2005 – 2013

Nivel de agregación	Sistema	2005	2013	Incremento	TAC
	SBF	0.383	0.245	-36.0%	-4.8
	SBDP	0.389	0.258	-33.7%	-4.5
	Caprino	0.277	0.232	-16.2%	-1.9
	Campesino	**0.376**	**0.247**	**-34.3%**	**-4.6**
	SBSE	0.357	0.253	-29.1%	-3.8
Sonora	SBE	0.513	0.330	-35.5%	-4.8
	Empresarial	**0.463**	**0.307**	**-33.6%**	**-4.5**
	C + Emp	**0.450**	**0.295**	**-34.5%**	**-4.6**
	Empresarial/Campesino	1.23	1.24		
	Sonora/México	1.070	0.975		
	SBF	0.413	0.269	-34.8%	-4.6
	SBDP	0.448	0.313	-30.2%	-3.9
	Caprino (UA)	0.360	0.239	-33.7%	-4.5
	Campesino	**0.423**	**0.286**	**-32.3%**	**-4.2**
México	SBSE	0.368	0.277	-24.8%	-3.1
	SBE	0.430	0.314	-26.9%	-3.4
	Empresarial	**0.420**	**0.304**	**-27.7%**	**-3.5**
	C + Emp	**0.421**	**0.302**	**-28.1%**	**-3.6**
	Empresarial/Campesino	0.99	1.06		

Fuente: Elaboración propia con base en cifras de SIAP (2018). Significado de abreviaturas: S = Sistema productor. B = Leche bovina. F = Familiar. DP = Doble propósito. SE = Semi-especializado. E = Especializado. C = Sistema campesino. Emp = Empresarial.

VIII. LITERATURA CITADA

Alonso P., Francisco A, Bâchtold G., Ernesto, Aguilar, V., Alfredo, Juarez G., Jaime, Casas P., Victor M., Meléndez G., J. Rafael, Huerta R., Enrique, Mendoza G., Ernesto, De Los Monteros R., Alfonso. 1989. Economía Zootécnica. Noriega Editores, México, D. F.

Alvarez y Cárcamo. 2012. Contexto Internacional Inestable y Dinámica Distorsiona del Sistema de Lácteos en México. Conferencia Magistral. Memoria. 13er Congreso Nacional de Investigación Socioeconómica y Ambiental de la Producción Pecuaria. 18 y 19 de Octubre del 2012. Puebla, Puebla. 15-23pp.

Astori D. 1984. Enfoque crítico de los modelos de contabilidad social. 5ª edición. Siglo veintiuno editores. México.

Barrera, C., G y Sanchez B., C. 2003. Caracterización de la cadena agroalimentaria nacional e identificación de sus demandas tecnológicas: Leche. Programa Nacional Estratégico de Necesidades de Investigación y de Transferencia de Tecnología. Reporte Final. Etapa Final. Guadalajara, Jalisco., Septiembre del 2003. Disponible en: http://www.google.com.mx/url?url=http://www.cofupro.org.mx/cofupro/Pu blicacion/Archivos/penit74.pdf&rct=j&frm=1&q=&esrc=s&sa=U&ei=rxxSV b75LIKyoQTct4GYDA&ved=0CBgQFjABOAo&usg=AFQjCNFgmWB-_pbDEw0qnPwDLd_DT7XWvg publicado en 2003. Acceso en mayo del 2015.

CEPAL (Comisión Económica para la América Latina). 1986. Economía campesina y agricultura empresarial. (Tipología de productores del agro mexicano).Tercera edición. Siglo XXI Editores SA de CV, México.

CGG-SAGARPA. 2006. Programa Nacional Pecuario. 2007-2012. México DF. 37p.

El Economista. 30 de mayo, 2018. Fuente: https://www.eleconomista.com.mx/empresas/Produccion-de-leche-superara-los-12000-millones-de-litros-en-el-2018-20180530-0056.html

Flores, E. 1986. Tratado de Economía Agrícola. FCE. México.

Hoekstra A. Y., & Chapagain A. K. 2004. Water Footprints of Nations. UNESCO-IHE. Institute of Water Education. Value of Water. Research Report Series. Serie 16. Volume 1. Appendices. Netherlands.

Hoekstra, A.Y. 2012. The hidden water resource use behind meat and dairy. Animal Frontiers. 2(2):3-8.

Kijne, J. W.; Barker, R.; Molden, D. J. 2003. Water productivity in agriculture: limits and opportunities for improvement. CABI Publication, Wallingford UK. 332p.

Marcial L. W. 2016. La ganadería familiar y empresarial en la economía del sector lácteo-bovino en el estado de Sonora, México. Tesis profesional. Unidad Regional Universitaria de Zonas Áridas-Universidad Autónoma Chapingo, Bermejillo, Durango, México.

Mekonnen, M. M., & Hoekstra, A. Y. 2010. The green, blue and grey water footprint of farm animals and animal products. Volume 2: Main Report. Appendices. Value of water. Research Report series 48. Recuperado de : http://doc.utwente.nl/76912/2/Report-48-WaterFootprint-AnimalProducts-Vol12.pdf

Mekonnen,M. M & Hoekstra, A. Y. 2012. A global Assessment of the water footprint of farm animal products. Ecosystems (2012) 15:401-415. DOI:10.1007/s10021-011-9517-8

Molden, D.; Murray-Rust, H.; Sakthivadivel, R; Makin, I.; 2003. A water productivity framework for understanding and action, pp.1-18. In: Kijne, J. W.; Barker, R.; Molden, D. J. 2003. Water productivity in agriculture: limits and opportunities for improvement. CABI Publication, Wallingford UK. 332p.

Molden, D.; Oweis, T.; Steduto, P.; Bindraban, P.; Hanja, M.; Kjine, J. 2010. Improving agricultural water productivity: Between optimism and caution. Agricultural Water Management, 94 (4): 528-535.

Ordoñez Rodriguez, M. Y. 2017. Huella hídrica física y económica de la leche bovina del sistema especializado del DR005 Delicias, Chihuahua. Tesis profesional Universidad Autónoma Chapingo, Unidad Regional Universitaria de Zonas Áridas, Bermejillo, Durango

Ríos, F. J. L.; Torres, M. M.; Castro, F. R.; Torres, M. M. A.; Ruiz, T. J. 2015. Determinación de la huella hídrica azul en los cultivos forrajeros del DR-017, Comarca Lagunera, México. Revista de la Facultad de Ciencias Agrarias. Universidad Nacional de Cuyo. 47(1): 93-107.

Rios-Flores, José Luis, Navarrete-Molina, Cayetano y Ruiz Torres José. 2017. La huella hídrica física del litro de leche bovina en el norte de México. En el libro: Avances en medicina veterinaria. ISBN 978-9942-759-54-2. Editado conjuntamente por el Centro de Investigación y Desarrollo del Ecuador y el Centro de Estudios Transdisciplinarios de Bolivia. Guayaquil, Ecuador. pp.20-36.

Rios-Flores, José Luis, Agüero Vaquera, Efrén y Armendáriz Erivez, Sigifredo. 2017 a. Producción campesina y empresarial de leche en Chihuahua, México. Efecto composición entre la producción láctea campesina y empresarial en la riqueza generada por el ganado especializado. Editorial Académica Española. ISBN 978-620-2-23445-0.

Beau Bassin 71504, Mauritius.

SIAP. 2014. Infografía Agroalimentaria de Sonora. Primera edición, 2014. Servicio de Información Agroalimentaria y Pesquera (SIAP) de la SAGARPA.

Seckler, D., Upali, M.; Molden, D.; De Silva, R.; Barker, R. 1998. World water demand and supply, 1990 to 2025: Scenarios and Issues. Research Report 19. International Water Management Institute: Colombo, Sri, Lanka; 40pp. Disponible en: http://protosh2o.act.be/VIRTUELE_BIB/Water_in_de_Wereld/ALG-Algemeen/W_ALG_E22_World_Water.PDF /.

Steduto, P.; Hsiao, T. S. & Fereres E. 2007. On the conservative behavior of biomass water productivity. Water productivity: Science and Practice. Irrigation Science. 25:189-207.

Sultana, M. N.; Uddin, M. M.; Ridoutt, B.; Hemme, T.; Peters, K. 2015. Benchmarking consumptive water use of bovine milk production systems for 60 geographical regions: An implication for Global Food Security. Global Food Security. 4:56-68.

Viets, F. G. 1966. Increasing wáter use efficiency by soil management. In plant environment and efficient water use. Guilford RD., Madison, USA: American Society of Agronomy, Soil Science Society of America. 295pp.

World Wildlife Fund. (2013). Estado del arte de la medición de la huella hídrica a nivel nacional es internacional. WWF. Perú. Pp. 113.

I want morebooks!

Buy your books fast and straightforward online - at one of world's fastest growing online book stores! Environmentally sound due to Print-on-Demand technologies.

Buy your books online at
www.morebooks.shop

¡Compre sus libros rápido y directo en internet, en una de las librerías en línea con mayor crecimiento en el mundo! Producción que protege el medio ambiente a través de las tecnologías de impresión bajo demanda.

Compre sus libros online en
www.morebooks.shop

KS OmniScriptum Publishing
Brivibas gatve 197
LV-1039 Riga, Latvia
Telefax: +371 686 204 55

info@omniscriptum.com
www.omniscriptum.com

Printed by Books on Demand GmbH, Norderstedt / Germany